The Technology and New Techniques of Tobacco Stem Processing

烟梗加工工艺和新技术

孔臻 ◎ 主编

化学工业出版社
·北京·

内容简介

本书分上下两篇，上篇为烟梗加工工艺，主要介绍传统烟梗加工工艺及设备，在继承传统烟梗加工工艺技术的基础上，根据卷烟产品对梗丝的新需求，重点对传统加工工艺进行了更新拓展；下篇为烟梗加工新技术，主要介绍烟梗加工新工艺、新技术和新设备，对烟梗加工的技术方向进行了预测，为探索烟梗加工新方法提供参考。

本书可作为烟草行业研究人员、生产技术人员、装备研发人员的参考资料，也可以作为行业技术培训教材。

图书在版编目（CIP）数据

烟梗加工工艺和新技术 / 孔臻主编. —北京：化学工业出版社，2024.5

ISBN 978-7-122-44370-0

Ⅰ. ①烟…　Ⅱ. ①孔…　Ⅲ. ①烟草加工-工艺学　Ⅳ. ①TS4

中国国家版本馆 CIP 数据核字（2023）第 202954 号

责任编辑：李晓红
文字编辑：刘　璐
责任校对：李雨晴
装帧设计：王晓宇

出版发行：化学工业出版社
（北京市东城区青年湖南街 13 号　邮政编码 100011）
印　　装：北京科印技术咨询服务有限公司数码印刷分部
710mm×1000mm　1/16　印张 12¾　字数 216 千字
2024 年 5 月北京第 1 版第 1 次印刷

购书咨询：010-64518888
售后服务：010-64518899
网　　址：http://www.cip.com.cn
凡购买本书，如有缺损质量问题，本社销售中心负责调换。

定　　价：98.00 元

编委会名单

主　编：孔　臻

副主编：谷瑞芳　乔学义　金　哲　温若愚

其他编写人员：

邹　泉　李善莲　周雅宁　王　琳　温　源
朱怀远　俞　京　陈　冉　张合川　范红梅
张大波　郑　茜　张　超　赵云川　李晓平
刘民昌　王红旗　丁美宙　李洪涛　张玉海
李华杰　陶铁托　谷超林　张　柯　鲁端峰
王树香　王永金　秦国鑫　郑松锦　徐　波

主　审：王　兵　李　斌

前言

烟梗加工是卷烟加工的重要任务之一。近年来，烟梗加工技术在继承传统工艺技术的基础上又发生了重大变化，烟梗加工理念得以更新、加工方式得以丰富、加工装备得以创新、应用范围得以拓展。因而，归纳总结传统烟梗加工技术、分析甄别烟梗加工新技术、预测预判烟梗加工发展方向，对促进烟梗加工技术进步、提升烟梗使用价值、指明烟梗加工发展方向具有重要的引导作用。

本书分为上下两篇。上篇主要按照传统烟梗加工工艺流程及任务对烟梗加工工艺技术、加工流程、主要设备进行介绍，同时又根据卷烟发展对烟梗加工技术的新需求，将加工工艺流程、工艺任务、质量控制等进行了更新与拓展，如对烟梗原料加工性能一致性的控制、烟梗尺寸结构的要求、烟梗回潮的任务与质量控制等进行了分析与补充，以适应卷烟生产对梗丝质量的新要求。下篇主要介绍了近年来国内外烟梗加工的新技术、新方法与新设备，包括复切成丝、超薄压梗成丝、盘磨成丝等烟梗成丝技术以及再造梗丝技术、烟梗微波膨胀技术等，每项技术的成熟度、应用规模、产品应用范围也不尽相同，旨在为烟梗加工提供新的选择，为探索烟梗加工新技术提供参考。

本书在编写过程中得到了云南中烟、湖南中烟、湖北中烟、江苏中烟、四川中烟、河南中烟、山东中烟、四川中烟、安徽中烟、广西中烟、秦皇岛烟草机械有限责任公司、江苏智思控股集团等单位的大力支持，在此一并表示感谢。

本书是在继承传统烟梗加工工艺基础上编撰而成，力求通俗易懂，编写内容注重应用、体现新理念变化，可作为烟草行业研究人员、生产技术人员、装备研发人员的参考资料，也可以作为行业技术培训教材。

由于编者水平有限，书中不妥和疏漏之处在所难免，恳请读者批评指正，以期后续增补、修改和完善。

编者
2024 年 2 月

目录

上篇　烟梗加工工艺

下篇　烟梗加工新技术

上篇

烟梗加工工艺

第一章 概述

烟梗（tobacco stem）是烟叶中的粗叶脉，在卷烟工业中，初烤后的烟叶经过打叶风分后形成片烟和烟梗两部分。一般在烤烟烟叶中，烟梗质量约占烟叶质量的 25%～30%[1]。中国作为烟草资源大国，烟叶种植面积和产量均位居世界第一，近十年来，我国烟叶的产量呈现逐年下降趋势，2019 年烟叶产量为 215 万吨，可产生烟梗 53 万吨左右[2]（图 1-1）。

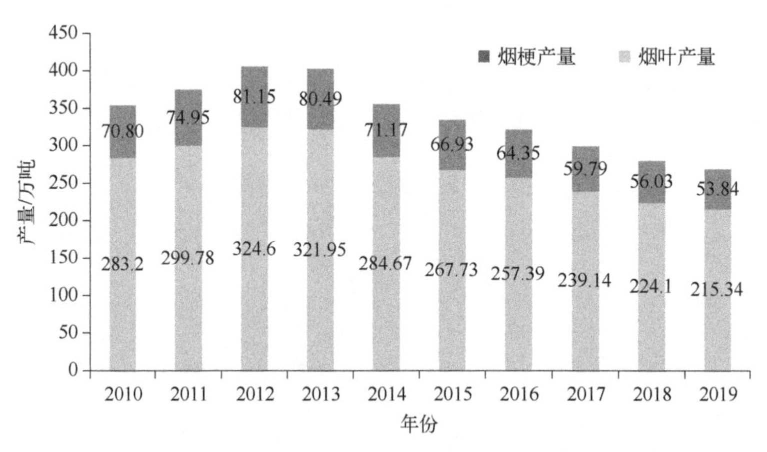

图 1-1 2010～2019 年我国烟叶及烟梗产量（国家统计局）

烟梗是烟叶（图 1-2）经过打叶后，由叶柄、主脉及部分支脉形成的混合体，由于烟梗（图 1-3）在形态结构、化学成分及吸味质量上与叶片有较大差别，因此烟梗在加工及使用上与叶片有较大区别。目前烟梗的利用主要有四个途径：①再加工后作为卷烟原料；②从烟梗中提取有效成分；③作为可再生资源使用；④作为生物质能源使用。

① 再加工后作为卷烟原料。在卷烟工业中，一种再利用方式是可以将烟梗回

潮、切丝、膨胀、干燥或膨胀制粒后，加工成梗丝或颗粒梗用于卷烟配方中，每年用量大概为30万吨。烟梗制丝基本工艺流程如图1-4所示。

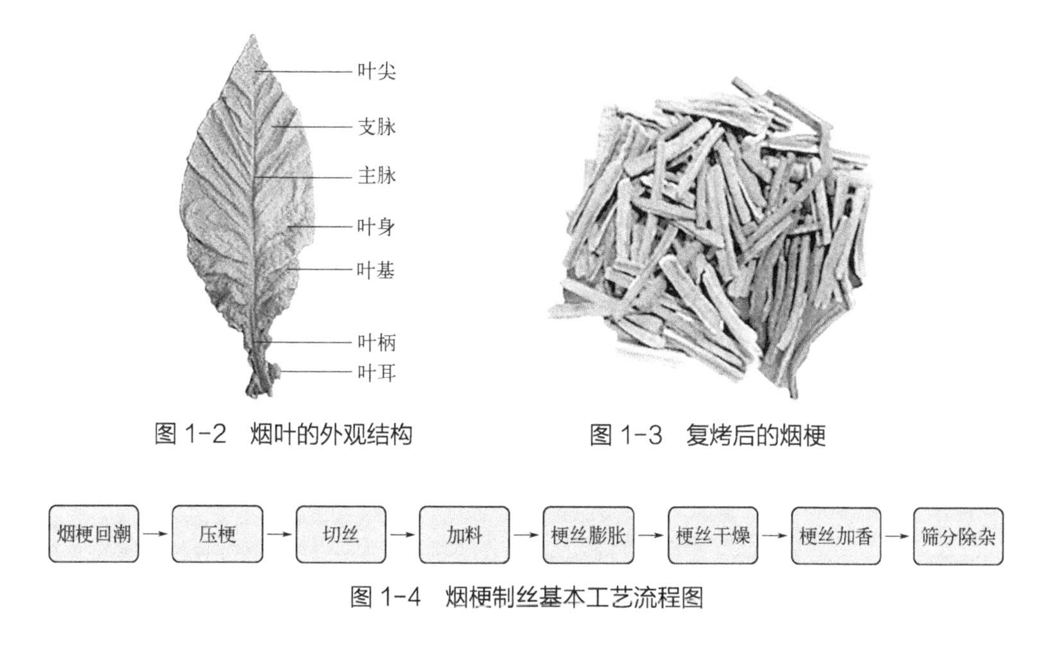

图1-2　烟叶的外观结构

图1-3　复烤后的烟梗

图1-4　烟梗制丝基本工艺流程图

另一种方式是作为再造烟叶（reconstituted tobacco）的原料，加工成再造烟叶，再用于卷烟生产，每年用量约8万吨造纸法再造烟叶生产工艺流程见图1-5。

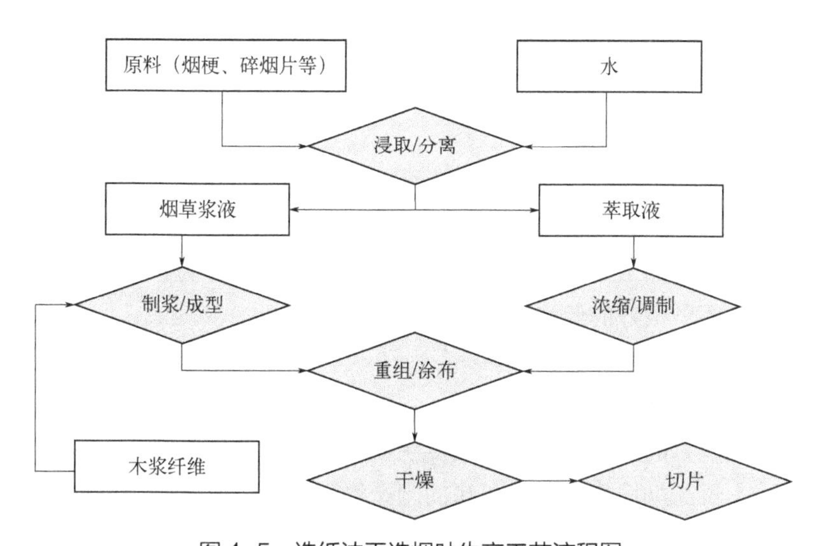

图1-5　造纸法再造烟叶生产工艺流程图

② 从烟梗中提取有效成分。如从烟梗中提取尼古丁[3]、茄尼醇[4]、烟酸、果胶、植物蛋白[5]等。目前烟梗有效成分提取技术要求高，资金投入大，环境污染严重，很难成为烟梗利用的有效方法。

③ 作为可再生资源使用。用于制取乙醇[6]、制造有机肥料[7]、制备活性炭[8]等。

④ 作为生物质能源使用。如替代煤炭用于烟叶烘烤[9]或燃烧发电。青岛荏原再生资源热电公司对电力企业的核心设施流化床锅炉进行改造，解决了由于烟梗、烟末等质量轻而被吹浮起来无法燃烧的技术难题，实现以烟梗、烟棒等废弃物替代煤泥进行燃烧发电[10]。湖南中烟工业有限责任公司以高温干馏热解技术对烟梗废弃物进行利用，在浏阳天福打叶复烤公司建成30吨烟梗干馏热解处理线，大大减轻了烟梗的库存压力[11]。烟梗废弃物高温干馏工艺流程如图1-6所示。

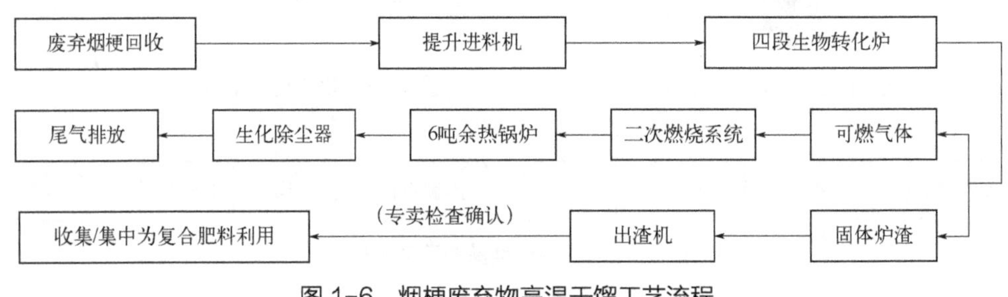

图1-6　烟梗废弃物高温干馏工艺流程

综合烟梗的使用途径和使用价值，目前烟梗主要还是作为卷烟原料直接或间接用于卷烟生产。

一、烟梗在卷烟中的作用

梗丝作为卷烟主要的四大原料（叶丝、梗丝、膨胀烟丝、烟草薄片丝）之一，在卷烟生产中起到非常重要的作用，特别是近些年随着烟梗加工新技术、新装备的应用，烟梗丝的加工质量和可用性提高，使得烟梗在卷烟中应用的主渠道优势更加凸显，发挥了很好的经济效益与社会效益。

（一）降低配方成本

作为卷烟配方的原料，烟梗的成本明显低于烟叶及再造烟叶。首先，从纯原料购入成本上看，烟梗作为打叶复烤的副产物，其利用效率低，处理难度大，对复烤企业造成巨大的压力，因此烟梗价格极低或可以零成本购入；其次，从梗丝的加工成本上看，烟梗的加工流程相对简单，设备投入、能源消耗等低于片烟、再造烟叶及膨胀烟丝的加工。在卷烟生产中一定比例地使用梗丝，可以降低卷烟的配方成本。2018 年烤烟收购价格见表 1-1。

表 1-1 2018 年烤烟收购价格表 单位：元/50kg

等级		普通品种					红花大金元、翠碧一号	K326	
		一价区	二价区	三价区	四价区	五价区		一价区	二价区
上等	C1F 中桔一	2000	2000	1950	1900	1850	2365	2050	2050
	C2F 中桔二	1790	1790	1750	1700	1650	2120	1840	1840
	C3F 中桔三	1560	1560	1520	1470	1420	1850	1620	1620
	C1L 中柠一	1850	1850	1810	1760	1710	2190	1920	1920
	C2L 中柠二	1610	1610	1580	1540	1490	1910	1680	1680
	B1F 上桔一	1720	1720	1670	1620	1570	2020	1790	1790
	B2F 上桔二	1370	1370	1330	1280	1230	1630	1430	1430
	B1L 上柠一	1250	1250	1210	1160	1110	1490	1310	1310
	B1R 上红棕一	955	950	900	850	800	1140	1005	1000
	H1F 完熟一	1255	1250	1200	1150	1100	1490	1315	1310
	X1F 下桔一	1305	1300	1250	1200	1150	1545	1365	1360
中等	C3L 中柠三	1380	1380	1350	1310	1260	1655	1450	1450
	X2F 下桔二	955	950	910	860	810	1075	985	980
	C4F 中桔四	1105	1100	1070	1030	980	1360	1140	1140
	C4L 中柠四	1000	1000	970	930	880	1235	1050	1050
	X3F 下桔三	505	500	460	420	380	605	535	530
	X1L 下柠一	1105	1100	1050	1000	950	1325	1155	1150
	X2L 下柠二	755	750	700	650	600	835	765	760
	B3F 上桔三	985	980	940	890	840	1030	995	990
	B4F 上桔四	505	500	460	415	370	595	525	520
	B2L 上柠二	905	900	850	800	750	1060	945	940
	B3L 上柠三	505	500	450	410	370	520	505	500
	B2R 上红棕二	705	700	650	600	550	840	735	730
	B3R 上红棕三	455	450	410	360	310	470	455	450
	H2F 完熟二	955	950	900	850	800	1140	1005	1000
	X2V 下微青二	415	410	360	320	280	420	415	410
	C3V 中微青三	895	890	840	790	740	1070	935	930
	B2V 上微青二	685	680	630	580	530	820	715	710
	B3V 上微青三	455	450	410	370	330	460	455	450
	S1 光滑一	435	430	390	350	310	440	435	430

续表

等级		普通品种					红花大金元、翠碧一号	K326	
		一价区	二价区	三价区	四价区	五价区		一价区	二价区
下等	B4L 上柠四	305	300	270	230	190	320	305	300
	X3L 下柠三	405	400	350	300	250	445	415	410
	X4L 下柠四	255	250	210	180	150	270	255	250
	X4F 下桔四	295	290	250	220	190	310	295	290
	S2 光滑二	235	230	190	160	130	240	235	230
	CX1K 中下杂一	295	290	260	240	220	300	295	290
	CX2K 中下杂二	225	220	190	170	150	230	225	220
	B1K 上杂一	285	280	260	240	220	290	285	280
	B2K 上杂二	215	210	180	165	150	220	215	210
	GY1 青黄一	165	160	150	135	120	170	165	160
低等	B3K 上杂三	145	140	115	105	95	150	145	140
	GY2 青黄二	135	130	105	95	85	140	135	130

注：数据来自中国烟草总公司关于 2018 年烟叶收购价格政策的通知（中烟办〔2018〕20 号）。

以普通品种“中桔一”一价区烟叶为例，收购价为 2000 元/50kg，按照出片率 70%计算，片烟成本为 2857 元/50kg，在配方中添加 5%的梗丝，在不计算梗丝加工成本的情况下，配方成本可降低 5%，按照年产量 100 万箱计算，原料成本可大概节约 8.5 亿元，经济效益显著。

（二）提高配方烟丝填充性能

烟梗大约有 70%的部分是毛细管和细胞组织，30%属于纤维素、半纤维素、木质素等细胞壁物质。烟梗加工过程中，水分通过加热渗透到烟梗的组织结构中，烟梗由于吸水导致体积增大；烟梗切成梗丝后，再经过高温高湿处理，梗丝组织内的水蒸气分压增大，造成梗丝组织结构进一步膨胀，水分降低到一定程度时，膨胀的组织结构得以固定，形成膨胀梗丝[12]。烟梗的组织结构呈现外层致密、内层相对疏松的结构特点，其膨胀性能好于烟叶。因此烟梗切丝后通过不同的膨胀方式进行膨胀后，其填充性能远远好于烟丝，在卷烟配方中适当添加膨胀梗丝，可以整体提高配方烟丝的填充值，降低烟支重量，达到降低原料消耗、提高烟支硬度、调节卷烟吸阻的作用。研究结果表明[13]，膨胀梗丝掺兑量每增加 10%，烟丝重量减少约 1.8%，卷烟吸阻增加约 3.0%，卷烟抽吸口数减少约 0.4 口（表 1-2）。

表 1-2 膨胀梗丝掺兑量对烟丝重量、卷烟吸阻及抽吸口数的影响

分析指标	回归方程	决定系数 r^2
烟丝重量	$y = 1.37x + 691.7$	0.96
卷烟吸阻	$y = 4.80x + 1052$	0.96
抽吸口数	$y = 0.036x + 7.44$	0.88

根据膨胀梗丝与烟丝重量、卷烟吸阻及抽吸口数的关系，通过控制梗丝填充值对烟支吸阻进行控制[14]。

（三）调节卷烟燃烧性能

卷烟燃烧温度是影响主、侧流烟气中化学成分及含量，进而影响卷烟品质的最基本特性参数之一。卷烟燃烧温度直接影响烟草成分的热裂解反应，包括焦糖化反应、多酚分解、蛋白质和氨基酸热解等，进而影响卷烟的香吃味。同时，卷烟燃烧温度与主流烟气中的部分烟气成分也存在紧密的联系。如卷烟燃烧温度是影响 CO 形成的重要因素之一，随着卷烟燃烧温度的升高，CO 的释放量几乎呈线性增加。因此，可以利用调控卷烟燃烧性能的手段来调控烟气化学组成[15]。卷烟的燃烧性能主要取决于烟丝的燃烧性能，烟丝本身的燃烧性能调节手段有限，调节范围也很窄，常用的方式是另外加助燃剂，如在烟丝或卷烟纸中加入各种无机酸钾盐和有机酸钾盐[16-17]。由于梗丝的燃烧性能好于烟丝[18]，因此在卷烟配方中加入一定量的膨胀梗丝，可以提高卷烟的燃烧性能，提高燃烧温度，促进致香物质的产生，减少焦油释放量。烟梗颗粒与其他原料阴燃速度比较见表 1-3。

表 1-3 烟梗颗粒与其他原料阴燃速度比较 单位：s/30mm

样品	平行样测定										平均值
	1	2	3	4	5	6	7	8	9	10	
梗粒	386	388	386	372	384	385	385	387	382	384	383.9
梗丝	204	202	203	202	204	199	201	203	202	201	202.1
叶组丝	543	550	548	547	548	551	549	548	551	547	548.2

（四）减害降焦

降低卷烟焦油释放量，是烟草行业和医学界普遍关心的问题。近年来，随着反吸烟呼声的高涨和对卷烟安全性要求的提高，卷烟减害降焦愈显重要。减害降

焦是烟草行业不可回避的问题。卷烟中减害降焦的技术，主要体现在以下三个方面：一是通过农业措施、加入烟草薄片、添加助燃剂、膨胀烟丝、改变烟支规格、减少烟丝量、减少卷烟抽吸口数等工艺措施降低卷烟制品焦油含量；二是通过改变滤嘴辅材和参数、加入吸附剂等提高烟气过滤效率；三是使用打孔滤嘴和高透气度卷烟纸来提高烟支和滤嘴段的通风率以稀释主流烟气[19]。梗丝具有较高的填充性和较好的燃烧性，能降低卷烟的单箱耗丝量，减少卷烟抽吸口数，产生的焦油和有害烟气成分含量较低。提升卷烟中梗丝的添加比例，对卷烟的减害降焦具有重要意义。但是梗丝添加比例过高，会带来木质气、杂气、刺激、灼热感等，影响抽吸品质。改善梗丝品质、提升在卷烟中用量，是降低卷烟有害成分释放量的重要途径[20]。

不同类型的梗丝对卷烟有害成分释放量的影响不同（表 1-4），研究结果表明[21]，随着梗丝掺配比例递增，4-(甲基亚硝氨基)-1-(3-吡啶基)-1-丁酮（NNK）、NH_3、苯并[*a*]芘（B[*a*]P）、苯酚释放量呈明显降低趋势，而 CO、HCN、巴豆醛的释放量无明显变化规律。在卷烟中增加梗丝掺配比例，卷烟危害性指数降低，且微波膨胀梗丝的减害作用略好于传统梗丝。根据微波膨胀梗丝与传统梗丝的减害特性，在产品中结合应用微波膨胀梗丝与传统梗丝将是未来研究和发展的重要方向。

表 1-4　不同梗丝有害成分释放量比较

梗丝类型	掺配比例/%	CO /（mg/支）	HCN /（μg/支）	NNK /（ng/支）	NH_3 /（μg/支）	B[*a*]P /（ng/支）	苯酚（μg/支）	巴豆醛（μg/支）	危害性指数
传统梗丝	8.0	12.40	127.61	5.54	12.23	7.64	17.57	16.96	9.83
	13.0	12.40	119.63	5.52	11.01	7.29	16.11	18.63	9.50
	18.0	12.20	136.04	4.97	10.50	7.29	15.38	20.20	9.47
	23.0	12.50	126.77	4.69	10.44	7.10	14.18	20.27	9.21
	28.0	12.30	132.60	4.52	9.94	6.25	12.72	18.46	8.74
	33.0	13.10	138.38	4.45	9.22	5.85	10.93	19.10	8.58
微波膨胀梗丝	8.0	11.60	120.47	5.74	12.25	7.31	14.99	17.66	9.54
	13.0	11.30	119.95	5.54	12.09	7.16	15.58	19.08	9.56
	18.0	11.60	117.03	5.33	11.75	6.94	15.96	18.77	9.43
	23.0	11.60	130.33	4.94	11.19	6.49	14.10	17.99	9.09
	28.0	11.60	115.28	4.76	10.49	6.23	12.69	18.83	8.68
	33.0	11.40	121.38	4.40	9.77	6.14	12.15	18.73	8.44

二、烟梗加工的基本任务

（一）改变烟梗形态

在卷烟工业中，烟梗是要被加工成片状、丝状或颗粒状（图 1-7），再和烟丝等其他成分混合后卷制成卷烟的，因此，烟梗加工的首要任务是改变烟梗的形态。传统的烟梗加工工艺是将烟梗成分复水回潮后，切成片状，再经过膨胀干燥后形成“梗丝”，这种梗丝多呈片状，与叶丝形态差异较大，不易均匀掺配，卷制后引起卷烟吸阻、单支重量及烟丝密度的波动，从而影响卷烟品质[22]。丝状梗丝更接近于烟丝，因此，烟梗成丝加工逐渐成为烟梗加工的热点，目前成丝工艺包括薄压成丝、复切成丝、盘磨成丝等几种方式[23]。颗粒状梗丝的加工主要包括 ESS（expanded shredded stem）膨胀制粒[24-25]、高压连续式烟梗膨胀制粒[26]和微波膨胀制粒[27]。

片状梗丝

丝状梗丝

颗粒状梗丝

图 1-7　常见梗丝形态比较

（二）改变烟梗物理性能

烟梗密度大、复水性差，通过制丝工艺处理后，形成片状、丝状或颗粒状梗丝，使其密度、吸湿性能、填充性能、燃烧性能、结构分布等物理特性符合卷烟要求，能与卷烟的主要原料均匀混合，形成配方烟丝，满足卷烟生产需求。梗丝结构各组分与对应的卷烟吸阻见表 1-5。

表 1-5　梗丝结构各组分与对应的卷烟吸阻[28]

试验号	梗丝分布/%				卷烟吸阻/Pa
	＞3.35mm	2.50～3.35mm	＞2.50mm	＜1.00mm	
1	67.13	17.26	84.39	1.60	1286
2	68.63	17.72	86.35	1.30	1151
3	70.93	18.85	89.78	1.26	1199
4	61.70	23.43	85.13	1.31	1236
5	65.21	23.02	88.23	1.20	1165
6	66.35	18.08	84.43	2.10	1291
7	61.59	25.92	87.51	1.50	1133
8	64.22	26.99	91.21	1.40	1323
9	63.55	22.5	86.05	1.60	1150

（三）调节烟梗化学成分

梗丝与烟丝化学成分相比（表 1-6 和表 1-7），梗丝的主要问题是纤维素、木质素等细胞质物质含量高，燃吸时木质气、灼烧感较重，此外，其常规化学成分含量比例不合理，特别是糖碱比、氮碱比、钾氯比和烟叶差别较大，烟梗燃烧时劲头小、烟气淡薄、刺辣感强。

表 1-6　不同品种烟梗化学成分比较[29]　　单位：%

品种	总糖	还原糖	总氮	烟碱	钾	氯	糖碱比	氮碱比	钾氯比
K326	25.34	19.99	1.45	0.32	7.65	1.11	92.47	5.25	10.67
云烟 87	25.23	18.82	1.41	0.38	8.08	1.43	94.14	5.57	8.40
红花大金元	23.80	18.67	1.24	0.37	6.79	1.48	89.10	4.21	8.34

表 1-7　不同品种烤烟烟叶化学成分比较[30]　　单位：%

品种	总糖	还原糖	总氮	烟碱	钾	氯	糖碱比	氮碱比	钾氯比
K326	33.21	28.22	2.11	2.48	2.38	0.40	12.83	0.96	7.96
云烟 87	36.30	30.58	2.28	2.26	2.12	0.40	15.64	1.16	6.07
湘烟 3 号	36.26	29.99	1.98	2.30	1.89	0.47	18.00	1.17	6.06

对梗丝化学成分的调节主要采取两种方式：一是补偿法，即通过加料的办法，在梗丝加工中针对性地添加糖、氨基酸、植物浸膏等物质，改善梗丝的常规化学成分比例，促进致香物质生成，从而改善梗丝感官质量；二是置换法，即采用梗丝再造技术，用水或溶剂将梗丝中的化学物质洗脱，再加入化学成分配比合适的回填料液，对梗丝进行再造，以提升梗丝的感官质量[31]。

参考文献

[1] 陈良元．卷烟加工工艺[M]．郑州：河南科学技术出版社，1996: 138-140.

[2] 张永良，周晓微，梁萌．烟梗综合利用研究进展[J]．现代农业科技，2016(8): 232-234.

[3] 张志平，李元清，刘建国，等．响应面法优化烟梗中烟碱提取[J]．农产品加工，2018(12): 17-21, 26.

[4] 赵国杰，刘家磊，张少峰，等．烟草中茄尼醇的提取研究进展[J]．现代化工，2019, 39(S1): 79-84, 88.

[5] 魏赫楠，谭红，朱平，等．烟草中蛋白质超滤提取工艺研究[J]．河南农业科学，2013, 42(11): 154-157.

[6] 马海昌，周瑢，孔浩辉，等．生物法处理烟梗提取液提高苯乙醇含量的研究[J]．农业机械，2013(14): 81-84.

[7] 高明，郭灵燕，席宇，等．烟梗生物发酵制造有机肥[J]．烟草科技，2010(12): 57-60, 65.

[8] 尧珍玉，马涛，温东奇，等．微波膨胀烟梗颗粒在卷烟滤嘴中的应用[J]．应用化工，2010, 39(09): 1432-1435.

[9] 飞鸿，蔡正达，胡坚，等．利用生物质烘烤烟叶的研究[J]．当代化工，2011, 40(6): 565-567, 592.

[10] 彭邱强．天顺公司烟梗废弃物再利用方案研究[D]．长沙：中南大学，2012.

[11] “工业烟草废弃物高温干馏热解能源应用研究”项目通过鉴定[J]．湖南烟草，2009(6): 24.

[12] 吴文强．卷烟梗丝加工综合技术优化研究[D]．长沙：湖南农业大学，2011.

[13] 彭斌，李旭华，赵乐，等．“三丝”掺兑量对卷烟主流烟气有害成分释放量的影响[J]．烟草科技，2011(11): 40-43.

[14] 陈霞，魏秀云，孟霞，等．梗丝填充值与烟支吸阻关系的建模及应用[J]．烟草科技，2010(8): 18-21.

[15] 沈凯，戴路，李鹄志，等．烟丝添加剂对卷烟燃烧温度和烟气成分的影响研究[J]．化学世界，2013, 54(7): 391-395,448.

[16] 李劲峰，向能军，李春，等．卷烟纸助燃剂含量对卷烟烟气有害物质的影响［J]．中国造纸，2012, 31(6): 32.

[17] 刘志华，崔凌，缪明明，等．柠檬酸钾钠混合盐助燃剂对卷烟主流烟气的影响[J]．烟草科技，2008(12): 10-13.

[18] 苏海建，寇霄腾，蒋光伟，等．膨胀梗粒吸湿及燃烧性能分析研究[J]．农产品加工，2017(19): 19-20.

[19] 孙计平，李雪君，孙焕，等．烟草减害降焦研究进展[J]．河南农业科学，2012, 41(1): 11-15.

[20] 孙德坡，龙明海，石志发，等．梗丝在卷烟减害降焦及提质中的应用[J]．安徽农业科学，2017, 45(14): 83-86.
[21] 赵云川，廖晓祥，陈冉，等．微波膨胀梗丝对卷烟 7 种烟气有害成分释放量及危害性指数的影响[J]．烟草科技，2015, 48(11): 53-58.
[22] 陈景云，李东亮，夏莺莺，等．梗丝分布形态对其掺配均匀度的影响[J]．烟草科技，2004(8): 8-10.
[23] 周雅宁．烟梗加工处理技术与设备研究进展[J]．中国烟草学报，2019, 25(2): 121-129.
[24] 汤马斯・亨利・怀特．一种制备烟梗膨胀的方法及所采用的设备：CN200510118934[P]. 2006-03-22.
[25] Theophilus E H, Pence D H, Meckley D R, et al. Toxicological evaluation of expanded shredded tobacco stems[J]. Food and Chemical Toxicology, 2004, 42(4): 631-639.
[26] 王永金，马铁兵，陈良元，等．烟梗膨胀处理的方法及设备：CN201019026047[P]. 2010-07-14.
[27] 周川，刘朝辉，刘毅，等．烟梗的预处理工艺：CN03117228[P]. 2004-08-11.
[28] 石国强，王少峰，王玉建，等．梗丝结构与卷烟吸阻的相关性探讨[J]．江西农业学报，2009, 21(8): 145-146.
[29] 杨威，欧阳文，任一鹏，等．云南烤烟烟梗化学成分分析及聚类评价[J]．甘肃农业大学学报，2014, 49(06): 87-90.
[30] 朱咸鑫．不同香型产区烟叶常规化学成分和致香物质差异[D]．长沙：湖南农业大学，2017.
[31] 张洪飞，刘广洲，王永金．梗丝再造技术综述[J]．轻工科技，2018, 34(11): 21-22, 36.

第二章　烟梗的理化特性

在卷烟加工过程中，烟梗的加工工艺流程、加工方法、加工设备以及梗丝的使用范围、使用比例与片烟的加工与使用存在一定的区别，其主要原因是烟梗在外观形态、组织结构、物理性能、化学成分及感官质量等方面与片烟存在较大差别。

一、烟梗的形态

初烤后的烟叶在复烤过程中，经过打叶风分[1]，分成片状的烟片和棒状的烟梗。烟梗按照其长度和直径可以分为长梗、短梗和细梗，一般将长度大于 20mm 的烟梗称为长梗，长度小于 20mm 的烟梗称为短梗，直径小于 1.5mm 的烟梗称为细梗，细梗主要是烟梗的末端或支脉。近年来，随着烟梗加工理念的更新和加工工艺的细化，又出现了“梗拐”的概念，即烟梗连有烟株的烟茎，6mm＜梗头直径≤10mm 的烟梗称为梗拐，梗拐在密度、复水性能、感官质量等方面与烟梗差别较大，在烟梗加工过程中往往尽可能地去除[2]。不同形态的烟梗如图 2-1 所示。

梗拐

细梗

碎梗

图 2-1　不同形态烟梗比较

二、烟梗的组织结构

烟梗有着根茎类植物相同的组织结构，烟梗横断面由内向外依次为导管组织、厚角组织和表皮组织，它们的形态差别较大。导管组织由呈圆筒状的导管组成，导管孔径在 40～60μm，主要起到输送水、无机盐等营养物质的作用；厚角组织的细胞壁排列紧密，细胞之间有明显的缝隙，结构比较疏松，分布着不规则的小孔；表皮组织细胞结构比较致密，呈不规则的褶皱和空隙[3]。烟梗中部月牙状输导组织中的孔排列整齐，局部放大 500 倍后，发现其孔径大部分在 20～60μm 范围内；将外围表皮组织局部放大 500 倍后，能够看到整齐的横断面，横断面上有形状不规则的孔[4]，如图 2-2 所示。

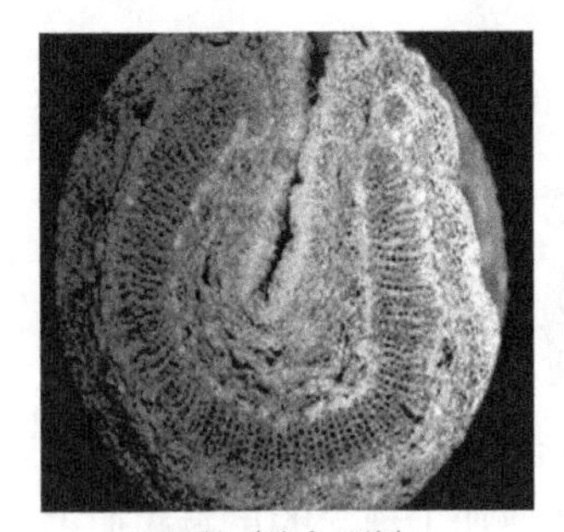
梗丝（放大30倍）

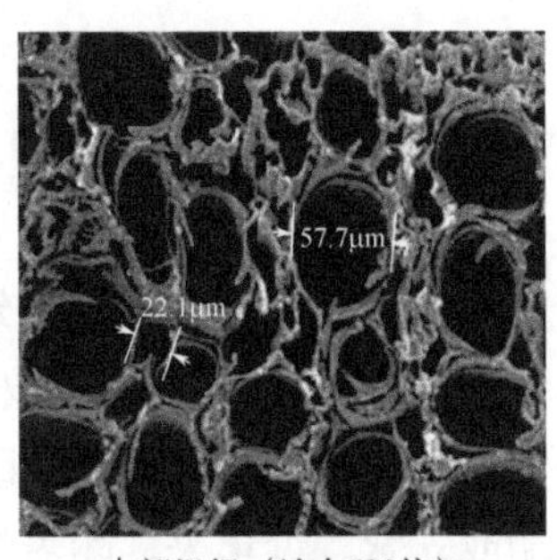

中部组织（放大500倍）

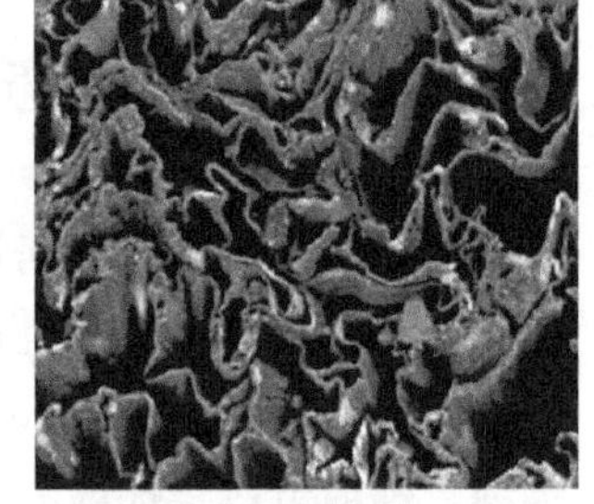
外围组织（放大500倍）

图 2-2　切梗梗丝形态表征

三、烟梗的物理性能

在烟梗加工过程中，主要关注烟梗两个方面的物理性能：烟梗的密度和烟梗的复水性。

烟梗的密度范围，不同等级、不同部位及不同地区的烟梗密度不同，与烟叶相比，烟梗的密度比烟叶大，因此在梗丝加工过程中，其切丝难度比烟叶大。

复水性在烟梗加工过程中起到非常重要的作用。复水性主要用复水比（$R_{复}$）表示，即复水后沥干重（$G_{复}$）和干制品试样重（$G_{干}$）的比值。不同洗梗水温下的各个品种烟梗含水率见表 2-1。

表 2-1　不同洗梗水温下的各个品种烟梗含水率[5]

产地	年份	原梗含水率/%	各温度段含水率/%					
			50℃	55℃	60℃	65℃	70℃	75℃
安徽	2008	9.75	25.57	26.52	30.14	31.24	32.63	33.34
	2009	10.28	27.56	29.34	30.51	31.78	34.17	34.96
	2010	11.24	28.76	30.16	31.28	32.44	34.65	35.56
云南	2008	12.24	29.70	30.65	32.68	33.75	34.22	35.12
	2009	13.82	30.23	31.08	32.16	34.28	34.96	35.28
	2010	14.36	32.46	33.68	34.22	35.06	35.76	36.78
黑龙江	2008	12.59	30.08	32.10	32.37	33.26	34.09	36.17
	2009	12.28	30.56	31.98	33.18	34.26	35.26	37.47
	2010	12.79	30.94	32.56	33.68	34.45	36.63	37.65
贵州	2008	11.66	28.29	29.85	32.48	33.28	33.56	33.79
	2009	10.72	31.17	32.33	32.98	33.82	34.56	35.48
	2010	11.78	31.96	33.32	33.68	33.96	34.56	35.42
福建	2008	9.02	28.96	30.75	32.88	33.52	34.06	35.22
	2009	10.42	30.96	32.66	33.88	34.54	34.96	35.51
	2010	12.13	32.41	33.96	34.26	35.96	36.98	37.76

从表 2-1 和表 2-2 可以看出，烟梗的吸水性和年份基本呈负相关关系，即年份越长，烟梗的吸水性越差；不同产地烟梗的吸水性也存在差异，因此在烟梗前处理过程中，可以对不同地区、不同年份的烟梗采用分组加工的方式，以提高烟梗的回潮效果。

表 2-2　水温和浸泡时间对不同烟梗复水性的影响

类别	水温/℃	浸泡时间/s	浸透率/%	含水率/%	复水比/%
新烟梗	25	60	98	36.92	1.43
		180	100	38.38	1.46
		360	100	51.22	1.85
	40	30	99	37.82	1.45
		60	100	41.25	1.53
		120	100	49.89	1.80
	60	5	99.5	36.27	1.41
		30	100	39.00	1.48
		60	100	49.55	1.78
2004 年河南陈烟梗	25	60	58	32.16	1.33
		180	99	34.95	1.38
		360	100	39.00	1.48
	40	30	60	32.81	1.34
		60	99.8	35.22	1.39
		120	100	38.62	1.47
	60	5	60.4	32.75	1.34
		30	99.6	37.08	1.43
		60	100	39.27	1.48

续表

类别	水温/℃	浸泡时间/s	浸透率/%	含水率/%	复水比/%
2004年云南陈烟梗	25	60	78	33.66	1.36
		180	100	35.33	1.39
		360	100	41.00	1.53
	40	30	82	34.25	1.37
		60	100	36.28	1.41
		120	100	39.14	1.48
	60	5	81	33.35	1.35
		30	100	37.65	1.44
		60	100	39.77	1.49
2004年福建陈烟梗	25	60	79	33.98	1.36
		180	100	35.63	1.40
		360	100	41.18	1.53
	40	30	83	34.52	1.37
		60	100	36.65	1.42
		120	100	39.55	1.49
	60	5	81	33.45	1.35
		30	100	37.98	1.45
		60	100	40.00	1.50

一般来说，烟梗的复水性比烟叶差，主要是有两方面的原因：一是烟梗的表皮致密，表面还覆盖着一层蜡质层，水分难以渗透；二是烟梗的吸湿性化学成分的含量相对较低，吸水性较差。因此在烟梗加工时，需要在较高温度、较长时间的条件下对烟梗进行回潮。

四、烟梗的化学成分

烟梗的化学成分大致可以分为构成植物骨架的细胞壁物质、常规化学成分、碱金属离子及植物酸。与大多数植物骨架类似，烟梗细胞壁的主要成分有纤维素、半纤维素、木质素等，三种组分的总和占原料总重的80%，其中纤维素含量一般为30%～35%，半纤维素含量一般为25%～30%，木质素含量一般为10%左右。常规化学成分包括总糖、还原糖、总氮、总植物碱、淀粉等。碱金属离子包括钾离子、钠离子等。植物酸包括乙二酸、丙二酸、富马酸、丁二酸、苹果酸等[6]。

（一）细胞壁化学成分

不同地区、不同品种、不同部位的烟梗的细胞壁物质含量不同[7]。以K326

烟梗为例，不同产地烟梗的细胞壁物质含量见表 2-3，可以看出，细胞壁物质含量地区差异不显著；果胶含量除大理和红河地区的差异显著外，其他地区间差异不显著；木质素含量以红河地区的最高，昭通地区的最低；全纤维素含量以昭通地区的最高，红河地区的最低。

表 2-3 不同产地 K326 烟梗细胞壁物质含量

产地	细胞壁物质/%	果胶/%	木质素/%	全纤维素/%
保山	32.20	4.65	5.65	20.80
大理	34.11	4.84	5.37	22.86
红河	32.50	3.80	7.89	19.27
临沧	33.93	4.49	6.82	21.25
玉溪	31.83	4.30	5.53	20.91
昭通	33.76	4.03	4.50	24.35
昆明	30.07	4.33	5.63	20.16
曲靖	31.48	4.45	5.56	21.67
楚雄	32.27	4.63	5.67	22.78

不同品种烟梗的细胞壁物质含量见表 2-4，可以看出，细胞壁物质含量品种差异不显著，红大的果胶含量显著高于 K326 和云烟 87，红大的木质素含量显著低于 K326 和云烟 87，各品种间全纤维素含量差异不显著。

表 2-4 不同品种烟梗细胞壁物质含量

品种	细胞壁物质含量/%	果胶/%	全纤维素/%	木质素/%
红大	34.08	4.97	23.49	4.71
K326	33.68	4.52	22.45	5.67
云烟 87	33.43	4.35	22.52	5.49

就部位而言，上部烟梗的细胞壁物质含量最高，其次为中部和下部烟梗；上部烟梗的果胶和全纤维素含量显著高于中部和下部；上部和中部烟梗的木质素含量显著高于下部烟梗的（见表 2-5）。

表 2-5 不同部位烟梗细胞壁物质含量

部位	细胞壁物质含量/%	果胶/%	木质素/%	全纤维素/%
上部	36.79	5.09	5.58	25.00
中部	32.93	4.45	5.54	21.86
下部	31.44	4.19	4.74	21.74

（二）常规化学成分

不同地区、不同部位、不同品种烟梗的常规化学成分也有差异。表 2-6 云南 9 个不同产地 K326 烟梗的常规化学成分检测结果表明：总糖含量以红河地区的最高；还原糖含量以红河、曲靖、楚雄地区的较高，大理地区的最低；总氮含量以临沧地区的最低，其他地区间差异不显著；烟碱含量以昭通地区的最低，其他地区间差异不显著；各地区间蛋白质和氧化钾含量差异不显著；水溶性氯含量以红河地区的最高，昭通地区的最低，其他地区间差异均不显著。

表 2-6 云南不同产地 K326 烟梗的常规化学成分对比分析

产地	总糖/%	还原糖/%	总氮/%	烟碱/%	蛋白质/%	水溶性氯/%	氧化钾/%
保山	22.47	18.47	1.43	0.29	5.50	1.46	6.24
大理	23.84	16.62	1.24	0.40	6.09	1.08	6.91
红河	31.22	25.35	1.62	0.40	4.65	1.68	5.58
临沧	23.45	18.72	1.15	0.33	6.30	1.09	6.75
玉溪	25.90	20.49	1.55	0.30	5.63	0.95	6.44
昭通	24.16	19.88	1.54	0.23	6.32	0.73	4.86
昆明	26.44	21.52	1.62	0.54	4.71	1.03	6.67
曲靖	28.59	23.39	1.63	0.51	4.92	1.13	6.59
楚雄	27.32	22.29	1.60	0.48	4.82	1.09	6.48

不同部位烟梗常规化学成分也存在差异，表 2-7 为红河烟区 K326 上、中、下部烟梗常规化学成分测试结果。可以看出上部烟梗的总糖、还原糖含量低于中、下部，烟碱含量上部、中部、下部逐渐降低，总氮、水溶性氯含量差异不明显，氧化钾含量上部显著低于中部和下部。

表 2-7 红河烟区 K326 不同部位烟梗常规化学成分对比分析

部位	总糖/%	还原糖/%	总氮/%	烟碱/%	蛋白质/%	水溶性氯/%	氧化钾/%
上部	20.86	14.69	1.54	0.48	6.92	1.62	6.69
中部	20.68	19.12	1.40	0.36	7.96	1.36	7.60
下部	24.34	19.03	1.46	0.22	8.18	1.27	7.86

对于不同品种烟梗（表 2-8），红大烟梗的烟碱含量显著高于 K326，但红大蛋白质含量低于 K326 和云烟 87，红大水溶性氯含量显著高于 K326，云烟 87 氧化钾含量显著高于红大。其他常规化学成分差异不明显。

表 2-8　不同品种烟梗常规化学成分对比分析　　单位：%

品种	总糖	还原糖	总氮	烟碱	蛋白质	水溶性氯	氧化钾
红大	22.64	17.13	1.46	0.42	7.06	1.72	6.87
K326	24.21	18.75	1.49	0.30	7.90	1.26	7.30
云烟 87	23.48	17.42	1.42	0.39	7.94	1.37	7.84

烟梗的化学成分与其加工性能及感官质量关系密切，因此在烟梗加工及使用过程中，要根据不同烟梗进行适宜的加工参数调整、加香加料等，以提高梗丝的加工质量及可用性。

（三）致香成分

不同品种烟梗致香物质成分含量及总量也存在差异[8]。以云南 3 个品种烟梗各类致香成分含量及其总量为例（表 2-9），醛类：云 87＞K326＞红大；酮类、酚类和酯类：云 87＞红大＞K326；醇类和烯烃类：K326＞云 87＞红大；酸类：红大＞K326＞云 87；杂环类：红大＞云 87＞K326；致香成分总量：K326＞红大＞云 87。卷烟企业应针对不同烟梗的品种差异，按照卷烟品牌的需要，通过合理的加香加料及工艺处理，来弥补或改善梗丝品质，提高其使用价值，从而提高烟梗的利用率。

表 2-9　不同品种烟梗致香成分含量平均值

致香物质类型	序号	保留时间/min	致香成分	致香成分含量/（μg/g）		
				K326	云 87	红大
醛类	1	2.23	3-甲基-丁醛	0.476	0.653	0.466
	2	2.29	2-甲基-丁醛	0.273	0.363	0.254
	3	3.47	3-甲基-2-丁烯醛	0.068	0.088	0.065
	4	3.66	己醛	0.131	0.212	0.119
	5	4.17	糠醛	2.818	2.319	2.189
	6	6.25	2-吡啶甲醛	0.080	0.103	0.082
	7	6.49	苯甲醛	0.142	0.138	0.101
	8	6.52	5-甲基糠醛	0.163	0.133	0.118
	9	718	2,4-庚二烯醛 A	0.124	0.230	0.130
	10	726	4-吡啶甲醛	0.059	0.107	0.093
	11	735	1*H*-吡咯-2-甲醛	0.110	0.077	0.077
	12	745	2,4-庚二烯醛 B	0.216	0.233	0.165
	13	816	苯乙醛	2.378	2.277	1.563

续表

致香物质类型	序号	保留时间/min	致香成分	致香成分含量/（μg/g）		
				K326	云 87	红大
醛类	14	933	壬醛	0.148	0.184	0.150
	15	966	5-甲基-1*H*-吡咯-2-甲醛	0.114	0.099	0.091
	16	1032	2,6-壬二烯醛	0.053	0.075	0.062
	17	1044	阿托醛	0.178	0.149	0.185
	18	11.32	藏花醛	0.075	0.107	0.083
	19	21.15	十四醛	0.340	0.819	0.485
	小计			7.943	8.368	6.477
酮类	20	2.63	3-羟基-2-丁酮	0.216	0.449	0.359
	21	3.77	面包酮	0.275	0.202	0.185
	22	5.03	2-环戊烯-1,4-二酮	0.673	0.457	0.434
	23	5.52	1-(2-呋喃基)-乙酮	0.206	0.130	0.134
	24	6.98	6-甲基-5-庚烯-2-酮	0.278	0.365	0.291
	25	7.74	甲基环戊烯醇酮	0.126	0.153	0.129
	26	8.45	1-(1*H*-吡咯-2-基)-乙酮	0.801	0.880	0.758
	27	9.45	1-(3-吡啶基)-乙酮	0.040	0.055	0.055
	28	10.95	6-甲基-2-庚酮	0.108	0.156	0.130
	29	11.72	胡薄荷酮	0.050	0.045	0.040
	30	14.33	茄酮	5.982	9.571	6.257
	31	14.73	*β*-大马酮	0.661	0.551	0.658
	32	15.26	*β*-二氢大马酮	0.130	0.111	0.098
	33	15.91	香叶基丙酮	0.308	0.296	0.368
	34	16.69	*β*-紫罗兰酮+未知物	0.705	1.010	0.703
	35	18.39	巨豆三烯酮 A	0.179	0.201	0.229
	36	18.74	巨豆三烯酮 B	0.380	0.445	0.668
	37	19.45	巨豆三烯酮 C	0.055	0.085	0.105
	38	19.68	巨豆三烯酮 D	0.433	0.624	0.835
	39	22.16	2,3,6-三甲基-1,4-萘二酮	0.064	0.092	0.131
	40	22.88	茄那士酮	0.383	0.667	0.318
	41	24.48	金合欢基丙酮 A	1.096	0.921	0.874
	42	30.35	金合欢基丙酮 B	0.357	0.269	0.353
	小计			13.508	17.735	14.111

续表

致香物质类型	序号	保留时间/min	致香成分	致香成分含量/（μg/g）		
				K326	云 87	红大
醇类	43	4.50	糠醇	0.279	0.338	0.275
	44	7.92	苯甲醇	0.634	1.003	0.807
	45	9.24	芳樟醇	0.037	0.042	0.052
	46	9.55	苯乙醇	0.746	1.036	1.062
	47	26.52	寸拜醇	7.495	2.979	3.015
	48	27.10	植醇	4.665	4.021	4.505
	49	28.91	西柏三烯二醇	6.861	7.809	5.531
	小计			20.717	17.227	15.247
酸类	50	4.30	2-甲基-丁酸	0.028	0.056	0.095
	51	6.31	糠酸	0.233	0.211	0.238
	52	21.87	肉豆蔻酸	0.151	0.161	0.199
	53	23.49	十五酸	0.500	0.441	0.505
	54	25.10	棕榈酸	16.851	13.745	25.953
	小计			17.764	14.613	26.989
酚类	55	6.80	苯酚	0.096	0.150	0.101
	56	9.06	2-甲氧基-苯酚	0.026	0.040	0.035
	57	11.20	苯并[*b*]噻酚	0.064	0.070	0.063
	58	13.43	2-甲氧基-4-乙烯基苯酚	0.386	0.668	0.554
	59	17.30	丁基化羟基甲苯	0.198	0.257	0.178
	小计			0.772	1.185	0.930
酯类	60	5.56	丁内酯	0.119	0.157	0.137
	61	17.85	二氢猕猴桃内酯	0.202	0.257	0.206
	62	23.740	邻苯二甲酸二丁酯	0.802	0.961	1.023
	63	24.510	棕榈酸甲酯	1.868	2.926	3.116
	64	25.47	棕榈酸乙酯	3.776	5.536	5.619
	65	26.86	亚麻酸甲酯	13.292	14.404	12.790
	小计			20.060	24.241	22.891
杂环类	66	3.01	吡啶	0.357	0.448	0.787
	67	7.07	2-戊基呋喃	0.231	0.284	0.386
	68	8.23	2-乙酰基-3,4,5,6-四氢吡啶	0.094	0.074	0.093
	69	10.11	多羟基吡喃	0.031	0.025	0.021
	70	10.20	2-乙酰基-1,4,5,6-四氢吡啶	0.179	0.170	0.163
	71	11.51	2,3-二氢苯并呋喃	0.039	0.064	0.039
	72	11.81	苯并噻唑	0.247	0.255	0.241

续表

致香物质类型	序号	保留时间/min	致香成分	致香成分含量/（μg/g）		
				K326	云 87	红大
杂环类	73	13.06	吲哚	0.174	0.188	0.166
	74	17.44	3-(1-甲基乙基)-1*H*-吡唑[3,4-*b*]吡嗪	0.260	0.250	0.298
	75	17.77	2,3-联吡啶	0.245	0.334	0.344
	小计			1.856	2.093	2.539
烯烃类	76	23.22	新植二烯	37.144	31.426	29.967
	77	22.50	蒽	0.357	0.275	0.421
	小计			37.501	31.701	30.388
致香成分总量				120.120	117.163	119.572

由表 2-10 可以看出，云 87 与红大、K326 在酮类和酚类成分上存在显著差异，红大与 K326 无显著差异，这两类成分均以云 87 最高、K326 最低，其中云 87 的酮类成分分别比红大、K326 高 25.68%、31.29%，云 87 的酚类成分分别比红大、K326 高 27.42%、53.50%；红大与云 87、K326 在醛类成分上存在显著差异，云 87 与 K326 无显著差异，红大最低、云 87 最高，云 87、K326 分别比红大高 29.20%、22.63%；红大与云 87 在酸类成分上存在显著差异，而 K326 与红大、云 87 均无显著差异，红大最高、云 87 最低，红大比云 87 高 84.69%；红大与 K326 在杂环类成分上存在显著差异，而云 87 与红大、K326 均无显著差异，红大最高、K326 最低，红大比 K326 高 36.80%；K326 与红大在烯烃类成分上存在显著差异，而云 87 与 K326、红大均无显著差异，K326 最高、红大最低，K326 比红大高 23.41%；3 个品种中的醇类、酯类和致香成分总量之间无显著差异。

表 2-10　不同品种烟梗各类致香成分比较　　单位：μg/g

致香物质类型	K326	云 87	红大
醛类	7.943 aA	8.368 aA	6.477 bA
酮类	13.508 aA	17.735 bB	14.111 aA
醇类	20.717 aA	17.227 aA	15.247 aA
酸类	17.764 abA	14.613 aA	26.989 bA
酚类	0.772 aA	1.185 bB	0.930 aA
酯类	20.060 aA	24.241 aA	22.891 aA
杂环类	1.856 aA	2.093 abA	2.539 bA
烯烃类	37.501 aA	31.701 abA	30.388 bA

注：同行大小写字母分别表示在 1%、5%水平上的差异显著性，相同则不显著，不同则显著。

参考文献

[1] YC/T 146—2010．烟叶　打叶复烤　工艺规范[S].
[2] 张焕家，吴敬华，刘志旺，等．梗拐剔除系统的设计应用[J]．轻工科技，2020, 36(2): 47-49.
[3] 侯轶，胡亚成，李友明，等．不同溶剂提取后烟梗和碎烟片表面结构及提取物成分的变化[J]．烟草科技，2016, 49(6): 36-44.
[4] 范红梅，喻赛波，谭海风，等．不同梗丝微观结构和燃烧特性差异及其对卷烟的影响[J]．烟草科技，2018, 51(8): 53-60.
[5] 岳先领，陈光辉，安毅，等．烟梗分组在线加工的初步研究[J]．湖南文理学院学报（自然科学版），2014, 26(01): 86-88, 94.
[6] 陈洪章．纤维素生物技术[M]．北京：化学工业出版社，2011.
[7] 米兰，王保兴，周桂园，等．再造烟叶烟梗原料化学成分及梗膏感官质量分析[J]．湖北农业科学，2019, 58(5): 80-84.
[8]李红武，张强，孙力，等.昭通不同品种烟梗致香成分含量比较[J].江西农业学报，2012, 24(12): 74-77.

第三章　烟梗加工的基本工艺流程及任务

在卷烟工业中，烟梗加工的主要任务是将棒状的烟梗经过复水回软、切丝（片）形变、加料（香）、膨胀干燥后形成适合卷烟配方要求的梗丝。因此，烟梗加工的基本工艺流程应该包括烟梗预处理、烟梗压切形变和梗丝膨胀干燥三个部分。

一、烟梗加工的工艺流程

（一）烟梗预处理

烟梗预处理的主要任务是增加原料烟梗的水分和温度，使烟梗组织变得柔软疏松，便于后续切丝。同时在烟梗预处理阶段还包括备料、投料、开包、除杂、回潮等方面的工作（图 3-1）。

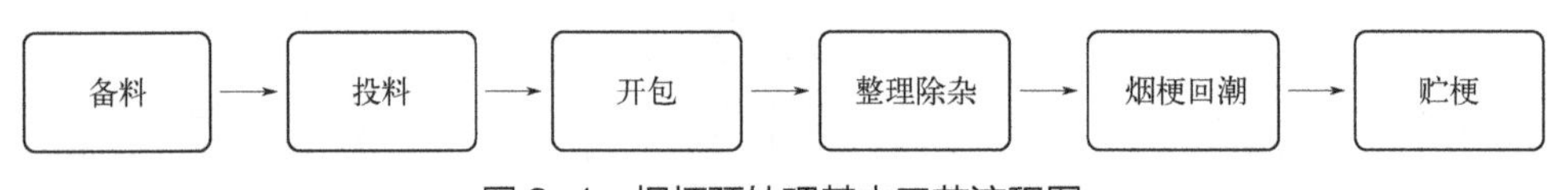

图 3-1　烟梗预处理基本工艺流程图

烟梗备料主要是为生产做好原料准备，一般是按照卷烟配方要求，将烟梗按照产区、等级、年份、数量备好并做好标识，同时对准备好的烟梗进行初步核对与检验，确保没有炭化、霉变、污染及虫情。近年来，随着烟梗加工工艺技术的提升及对梗丝使用价值的关注，烟梗的精细化加工越来越受到重视，因此在烟梗原料准备时，除了以上要求外，还要考虑不同烟梗的感官质量、物理特性等性能指标，如采用高压润梗工艺时，要求投料烟梗的复水性能、膨胀性能基本接近，以提高润梗后烟梗的质量均匀性。

开包投料是将原料烟梗投入制梗丝生产线的过程。目前我国原料烟梗多为麻袋包装，进入生产线前需要人工开包，然后将烟梗利用传送带或风力输送送入生产线。该方式劳动强度大、现场扬尘严重、生产效率低。近年来，国内成功开发了自动开包生产线，提高了开包效率、改善了生产环境。

烟梗的整理主要包括烟梗除杂和烟梗结构调控两个方面的任务。早期的烟梗预处理主要任务是去除烟梗中的杂物。烟梗中的杂物主要包括细梗、短梗、梗头、梗块等烟草杂物以及灰土、石块、金属物质、麻丝、塑料等非烟草物质。近年来，随着烟叶的标准化及集约化种植、烘烤及打叶复烤管理水平的提升，烟梗中的非烟草物质含量很低，烟梗除杂的主要任务是去除烟梗中的细梗、短梗、梗拐等成分。《卷烟工艺规范》要求剔除烟梗中长度小于 10.0mm、直径小于 2.5mm 的细梗、碎梗。

近年来，随着烟梗加工工艺理念提升及烟梗成丝的要求，对烟梗结构的调控逐渐成为烟梗预处理的一项重要任务。烟梗的结构调控主要包括两个方面的内容：一方面是利用机械、图像识别等方式对原料烟梗中的细梗、短梗、梗拐等影响烟梗加工的成分进行识别和剔除，保证烟梗结构的均一；另一方面是利用机械外力，对原料烟梗中的超长梗进行打短，达到烟梗长度相对均匀的目的。

烟梗回潮的任务是提高烟梗的含水率和温度，使烟梗柔软，降低烟梗机械强度，便于后续梗丝膨胀及切丝，减少加工过程中的造碎。经过复烤后的烟梗含水率一般在 12%及以下，烟梗的组织结构因失水变得非常致密，机械强度很大，不利于加工，必须要对其进行增温增湿处理，使水分渗透其组织结构，降低其机械强度。

烟梗回潮工艺可以是一次回潮，也可以是两次回潮，具体工艺要依据烟梗的特性、回潮方式及整线工艺流程综合考虑，一般情况下采取两次回潮、一次贮梗工艺。无论采取哪种工艺，回潮后的烟梗应该达到几个方面的要求：一是烟梗含水率应达到 28%～38%，烟梗温度应达到 70～85℃；二是烟梗柔软性好，对折后表皮不会出现裂痕，纵向易于撕开，撕裂面颜色均匀；三是烟梗表面干爽，无明水，无发黏。

（二）烟梗压切形变

烟梗的压切形变主要是将回潮后的棒状烟梗压制成片状，然后切成片状或丝状梗丝，以增加梗丝与烟丝的形态配伍性，提高填充及燃烧性能，改善感官质量。

图 3-2 为烟梗压切形变基本工艺流程。烟梗的切丝工序是实现烟梗形变的主要过程，切丝效果除了受切丝工序影响外，还与上游的润梗工序及切丝前的压梗工序有着密切的联系。润梗效果好，则烟梗中水分渗透均匀，组织疏松，机械强度小，切丝的均匀性好，不宜产生跑梗现象。压梗是指利用外力对润透的烟梗进行挤压，压梗的目的包括：一是疏松烟梗组织结构，降低机械强度，便于切丝；二是使烟梗呈片状，便于切梗成丝[1]；三是提高梗丝填充性能[2]，改善梗丝感官质量[3]。

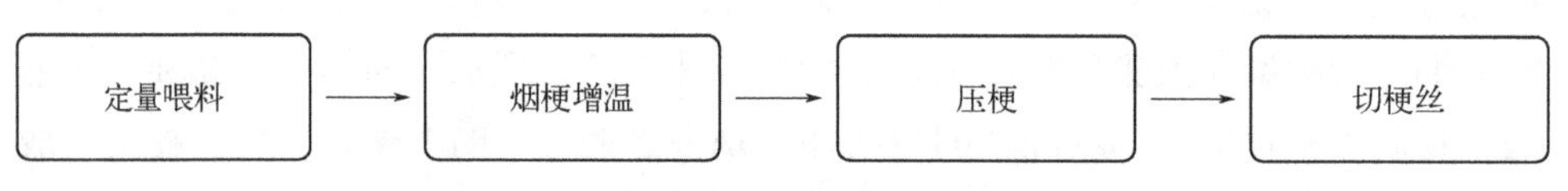

图 3-2　烟梗压切形变基本工艺流程

片状和丝状梗丝对卷烟工艺及卷烟质量主要有两个方面的影响：一是影响掺配的均匀性[4]；二是影响卷烟质量稳定性。丝状梗丝与叶丝的混合均匀性要好于片状梗丝；丝状梗丝细支卷烟的主要物理指标及烟气指标的稳定性能要好于片状梗丝。丝状梗丝卷烟具有更加稳定的燃烧速率和较小的热塌陷值，且包灰性能较好[5]。

（三）梗丝膨胀干燥

梗丝膨胀干燥的主要目的是将切后梗丝的密度进一步降低，提高梗丝的填充性能和燃烧性能，改善梗丝的感官质量，同时去除多余的水分，使梗丝满足卷烟卷制要求。

图 3-3 为梗丝膨胀干燥基本工艺流程。梗丝膨胀主要有 HT 膨胀、SIORX 膨胀和文丘里管膨胀等多种膨胀方式。梗丝干燥按照干燥器结构的不同，可以分为塔式干燥、隧道流化床干燥、管道式气流干燥和滚筒干燥几种方式。在实际生产中，梗丝干燥方式的选择和梗丝膨胀是紧密联系的，因此，根据膨胀和干燥的组合，梗丝膨胀与干燥主要有以下几条路径：隧道式回潮机（HT）＋滚筒烘丝机；滚筒超级回潮＋塔式干燥；闪蒸式膨胀（STS）＋隧道式流化床（FBD）干燥或膨化塔；滚筒式超级回潮＋气流干燥；SIROX＋气流干燥。

图 3-3　梗丝膨胀干燥基本工艺流程

二、烟梗加工技术发展情况

梗丝膨胀技术的研究与应用是烟梗加工重要的技术节点。梗丝膨胀技术应用之前，梗丝密度大，燃烧性差，严重影响卷烟的感官质量，而且抽吸时经常会产生掉火星的现象。20 世纪 60 年代开始开展梗丝膨胀技术研究，到 70 年代，欧美等发达国家已经开始普遍使用梗丝膨胀技术，我国烟草行业也于 80 年代开始引进和使用梗丝膨胀技术，使梗丝的质量大幅度提升。此后，梗丝膨胀技术得到大规模应用，从技术发展的时间轴上看，可以将梗丝加工技术分为以下三个阶段：

第一个阶段是进口设备占主导的三线并立阶段。20 世纪 80～90 年代，我国梗丝膨胀技术主要以进口设备为主，按照梗丝干燥方式分为英国 LEGG 公司的滚筒式膨胀系统、德国 HAUNI 公司的滚筒式膨胀系统和意大利 COMAS 塔式膨胀系统[6]。三种梗丝膨胀类型的主要特征见表 3-1。

表 3-1　不同膨胀方式比较

膨胀系统类型	增温增湿方式	干燥设备类型及加热方式	膨胀率/%	含末率/%	梗丝手感
LEGG	滚筒式	滚筒式间接加热	10～20	3	欠柔软
HAUNI	流化床式	滚筒式间接加热	30～40	3	较柔软
COMAS	滚筒式	塔式直接加热	40～60	4	柔软

从梗丝膨胀效果来看，COMAS 式梗丝膨胀率最高（40%～60%），HAUNI 式居中（30%～40%），LEGG 式较差（10%～20%）。后续 HAUNI 又出现 HT＋隧道式流化床的梗丝膨胀系统，狄更生-莱格公司也推出了 STS＋隧道式流化床（FBD）系统。在一定时期内，COMAS 膨化塔和狄更生的闪蒸膨化系统成为梗丝膨胀技术的主要设备。

第二个阶段是国产设备异军突起阶段。随着国内卷烟加工技术的进步及装备加工制造技术的提升，2000 年以后，国产梗丝膨胀设备开始取代进口设备，其中 SH8 闪蒸式梗丝膨胀系统在行业大量应用，成为梗丝加工的主要设备。后续国内又研发了 SH23（包括 SH23A、SH23、SH23B）梗丝低速气流干燥系统。

第三个阶段是多种加工形式的多样化阶段。随着对梗丝质量要求的提升，复切技术、微波膨胀技术、盘磨成丝技术、梗丝再造技术等新技术开始研究应用，研究方向由单一的提高梗丝膨胀率向改善梗丝形态、提高梗丝感官质量、提升梗丝可用性等多元属性发展，成为烟梗加工技术的新亮点。

参考文献

[1] 陈良元. 卷烟加工工艺[M]. 郑州：河南科学技术出版社，1996: 138-140.
[2] 丁美宙，姚二民，李晓，等. 烟梗形变工艺参数对梗丝加工质量的影响[J]. 江苏农业科学，2015, 43(11): 369-371.
[3] 张娟，孙娟. 制梗丝线压梗工序对卷烟感官质量的影响[J]. 科技创新导报，2015, 12(31): 87-88.
[4] 陈景云，李东亮，夏莺莺，等. 梗丝分布形态对其掺配均匀度的影响[J]. 烟草科技，2004(8): 8-10.
[5] 丁美宙，刘欢，刘强，等. 梗丝形态对细支卷烟加工及综合质量的影响[J]. 食品与机械，2017, 33(9): 197-202.
[6] 陈良元. 梗丝在线膨胀技术[J]. 烟草科技，1996(5): 8-10.

第四章　烟梗预处理

烟梗预处理的主要作用是增加烟梗的水分和温度，使烟梗组织膨胀、质地柔软、抗破碎性增强，便于后续梗丝加工。其他的作用还包括：去除烟梗的灰尘、金属杂物、非烟草成分；去除碎梗、短梗、梗拐等；通过工艺手段，提高烟梗结构的均匀性等。

一、烟梗备料

烟梗的备料主要是按生产要求的产量和配方，准备好烟梗原料，确保投入的烟梗数量和质量符合产品设计要求。

烟梗备料时要保证烟梗包装完整，标识明显，年份、产地、等级、数量符合生产要求，烟梗无霉变、炭化、污染及虫情等现象。

二、烟梗输送

（一）风力送梗

烟梗由备料区送至生产线，一般采用负压输送，即风力送梗的方式进行，风力送梗有以下几个优点：一是气力输送是一个闭环系统，在这个闭环的气力输送系统里面能够很轻松地消除灰尘对烟梗的污染，减少灰尘对车间环境和操作人员的影响；二是气力输送与机械传送相比，可以实现更长的传送距离，受输送长度、垂直高度影响小，比传统的机械传送更适用于复杂的工厂布局；三是输送量大，速度快；四是设备结构简单，技术成熟，运行故障发生率低，设备维护简单。

图 4-1 为烟梗负压输送系统，系统一般由吸料口、输送管道、落料器、除尘

器和风机等组成。吸料口为漏斗状，连接吸料管道及除尘风管，吸料口一般位置较低，多置于地面或下沉到地面喂料坑，烟梗开包后人工堆置于吸料口。

图 4-1　烟梗负压输送系统

（二）自动开包机输送系统

目前烟梗的包装物普遍采用麻包，生产现场的开包上料多采用人工方式。由于烟梗的含水量较低，在运输和贮存过程中烟梗之间相互摩擦会产生很多粉尘，因此在开包过程中这些粉尘将会外溢，严重影响现场环境和操作人员的健康，且劳动强度大，需要的操作人员数量多，同时会造成生产现场凌乱，与现代化的自动生产线极不协调。

图 4-2 为烟梗自动开包系统。系统可对烟梗麻包进行自动上料、自动开包，使用该设备可减少环境污染，降低劳动强度，提高制丝生产线的自动化水平。

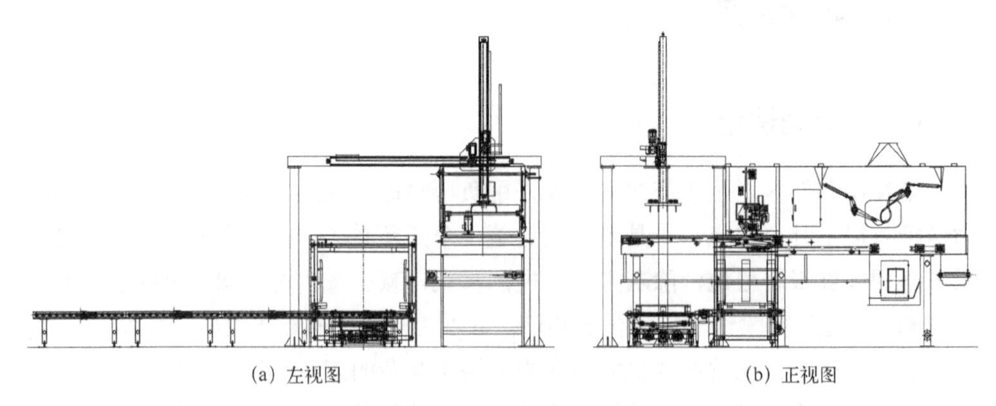

(a) 左视图　　(b) 正视图

图 4-2　烟梗自动开包系统

KB3 型自动开包系统（自动上包，自动开包）主要由梗包备料系统、梗包自动上包机构、烟梗开包机构和电器控制四大系统组成。

1. 梗包备料系统

图 4-3 为梗包备料系统。KB3 型梗包备料系统主要是在梗包的备料环节，将带有物料的托盘输送到位，并对空托盘进行码垛以便于回收。叉车将码放有梗包的托盘放在系统的第一台滚筒输送机上。滚筒输送机由一排并列的滚筒组成，减速机通过链传动带动滚筒旋转，输送码放有梗包的托盘到达抓包机械手下方等待抓取。当托盘上的梗包被抓取完后，空托盘转向输送机在减速机的驱动下升起后并开始运转，将空托盘送出滚筒输送机至空托盘码垛机内。当托盘在托盘堆码机内校正后，码架在减速机的驱动下升起，将空托盘抬起后回位，空托盘被挂在叉板上，如此重复完成空托盘的码放。

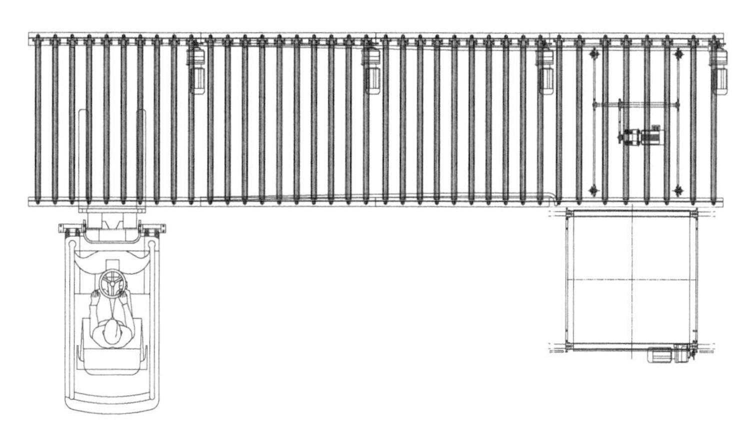

图 4-3 梗包备料系统

2. 梗包自动上包机构

梗包自动上包机构主要包括梗包抓取机构和行走机构。梗包抓取机构（图 4-4）主要用于准确抓取备料系统托盘上的烟包，行走机构主要是控制抓取机构的上下及水平运行，并将烟包送至开包机构。

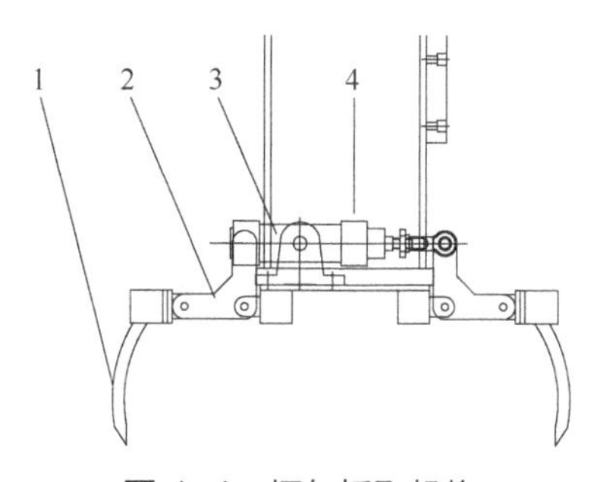

图 4-4 梗包抓取机构

1—抓取勾手；2—抓取传动机构；3—抓取驱动机构；4—机架

3. 烟梗开包机构

图 4-5 为烟梗开包机构，该机构由梗包输送机构、自动开包机构、开包箱体机构、出空包机构及电控系统组成，主要作用是将麻袋进行开

口，倾倒出烟梗。开包机构有两种模式：在麻包不回收的情况下对麻包进行自动开口；在麻包回收进行人工开包的情况下，切割组件将移到两侧，不参与整个过程。

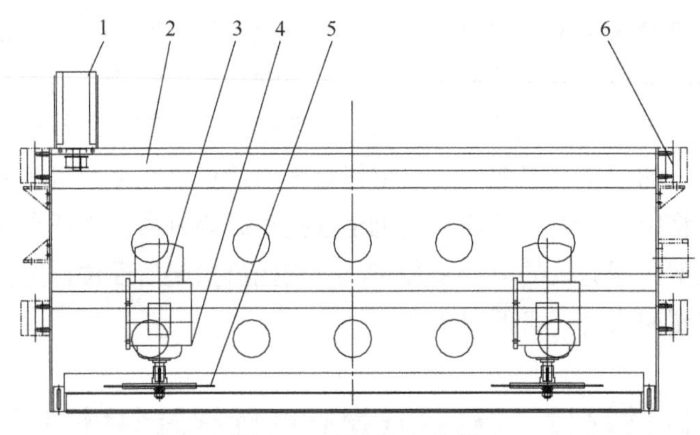

图 4-5　梗包开包机构

1—步进电机；2—传动机构；3—固定块；4—切割机构；5—切割部件；6—支座

图 4-6 为开包箱体机构，该机构主要作用是把开过口的麻包中的烟梗倒入缓冲仓，把空麻袋送到出包皮带机上，并通过出风口进行除尘。

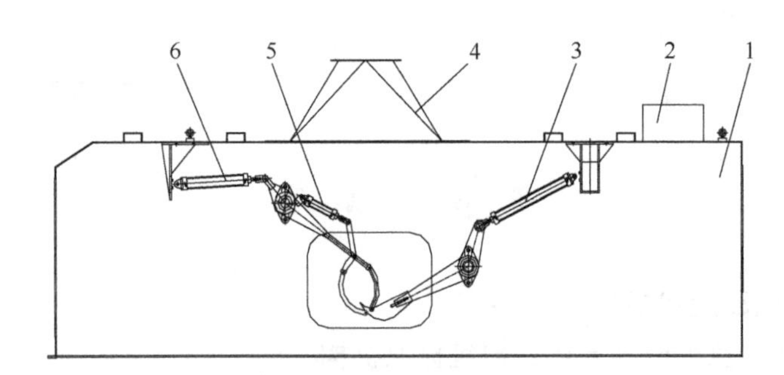

图 4-6　开包箱体机构

1—箱体；2—控制箱；3—钩包机构；4—出风口；5—夹包机构；6—退包机构

出包机构的主要作用是把退包机构送过来的空包送出负压箱体。

三、烟梗整理

烟梗的整理主要包括烟梗除杂和烟梗结构调控两个方面的任务。早期的烟梗预处理主要任务是去除烟梗中的短梗、细梗等烟草杂物及麻丝、塑料等非烟草物质。近年来，随着烟梗加工工艺理念的提升及烟梗成丝的要求，对烟梗结构的调控逐渐成为烟梗预处理的一项重要任务，烟梗结构调控在原有剔除细梗、碎梗的基础上，还要剔除原料烟梗中的大部分梗拐、梗块，并对超长烟梗进行打短，保证烟梗结构的均一。

（一）烟梗除杂

1. 筛分除杂

筛分除杂使用的是振动式筛分机，筛分机分为板弹簧型和摇杆型两种。基本原理是当振筛振动时，烟梗在筛网上不断向前跳动，在运动过程中，尺寸小于筛孔尺寸的烟梗通过筛孔落下，尺寸较大无法通过筛孔的烟梗则继续往前运动，从而完成筛选过程。振动筛分机选型时，主要考虑因素包括筛网面积与烟梗流量的配合、筛孔形状及尺寸，从而保证筛分的效果。在使用过程中，要定期对筛网进行清理，避免筛孔堵塞，影响筛分效果。图 4-7 和图 4-8 为比较常见的摇杆型和板弹簧型振动分选机。

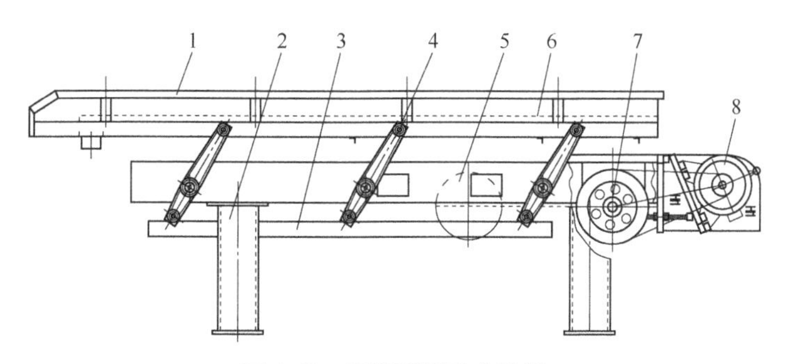

图 4-7　摇杆型振动分选机

1,6—槽体；2—机架；3—配重框；4—摇杆；5—固定框；7—传动装置；8—电机

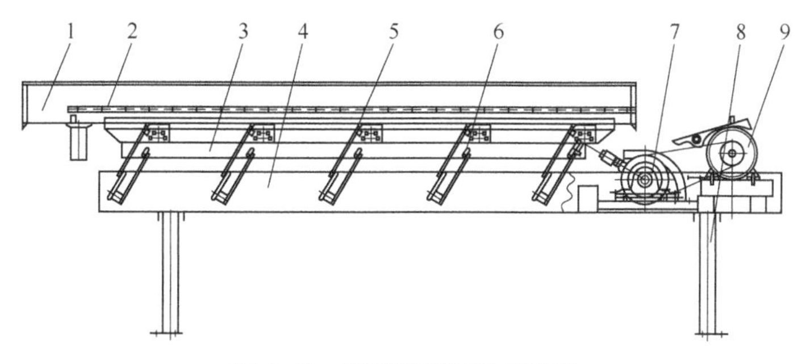

图 4-8　板弹簧型振动分选机

1—槽体；2—筛体；3—配重框；4—固定框；5—槽体板弹簧；6—配重板弹簧；7—传动装置；8—支架；9—电机

传统振动筛由于网孔结构单一，容易造成漏筛，部分企业在生产过程中对传统振动筛进行部分改进，采用烟梗疏松整理和多尺寸筛网相结合的方式，既保证烟梗的有序排列及布料厚度均匀又能提高筛分效率等[1]。具体方法是在烟梗筛分前通过疏松整理机（图 4-9）进行整理与疏松。整理机前端设置带耙钉的转轴，使转轴与输送带面之间形成固定的距离，限制料层厚度，且经过耙钉的整理，排列杂乱的烟梗被梳理成与传送带平行的方向，然后有序地进入多尺寸筛网，多尺寸新型筛网的结构如图 4-10 所示。由于烟梗的朝向趋于一致，物料进入多尺寸新型筛面后，首先经过筛孔 1 的范围。筛孔 1 的朝向和前置整理疏松机整理好的物料朝向一致，因此物料长度小于筛孔长度、直径小于筛孔宽度的棒状烟梗就可以被快速筛走，这一步主要筛出细梗，同时使得物料被摊薄，后续筛面的压力减小，物料筛选速度提高。后续筛孔是不同朝向的筛孔 2 和筛孔 3，经过筛孔 1 的物料，因振动而朝向已经不统一，因此筛网同时设置朝向或者尺寸不同的筛孔 2 和筛孔 3，可保证后续物料中的短梗和细梗也能有效筛除。

图 4-9　前置整理疏松机结构

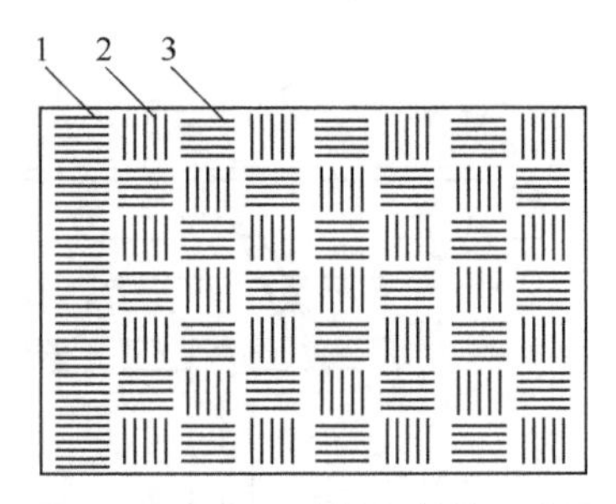

图 4-10　多尺寸筛网结构示意图

其他的烟梗筛分还有闭式五面筛滚烟梗分选机（图 4-11）[2]、异形筛网烟梗筛分机（图 4-12）[3]、高频阶梯式烟梗分选筛（图 4-13）[4]等新型筛分设备。生产企业可以根据烟梗原料的结构情况和生产需求，合理选用和研制烟梗筛分设备，提高烟梗原料结构的均匀性和一致性。

2. 光学除杂

机械式除杂（振动筛及滚筒筛等）主要是利用烟梗物理尺寸上的差异对细梗、短梗等进行的分离。但是机械式除杂存在一定问题：一是筛网孔容易堵塞，影响筛分效果；二是存在过筛和漏筛现象，主要原因是烟梗的大小、形状多样，难以用一种固定的网孔大小去适应所有的组分。20 世纪 90 年代以来，随着技术的进步与发展，国外一些较为先进的烟草企业开始采用光学技术来剔除烟草中的杂物。基本工作原理是利用烟草和异物在物理特性（主要是颜色）上的差异，采用基于光电检测原理的机器的视觉系统实时地识别烟叶和异物，再根据生产线上的具体情况，对识别出来的异物，采用合适的方法将其剔除，达到除杂的目的[5]。光学除杂主要包括光谱除杂和机器视觉识别除杂两大类，光谱除杂主要用于剔除烟梗中的非烟草杂物（NTRM），光谱除杂光源主要有卤素灯光源、荧光灯光源、LED灯光源、氙灯光源和激光光源等。

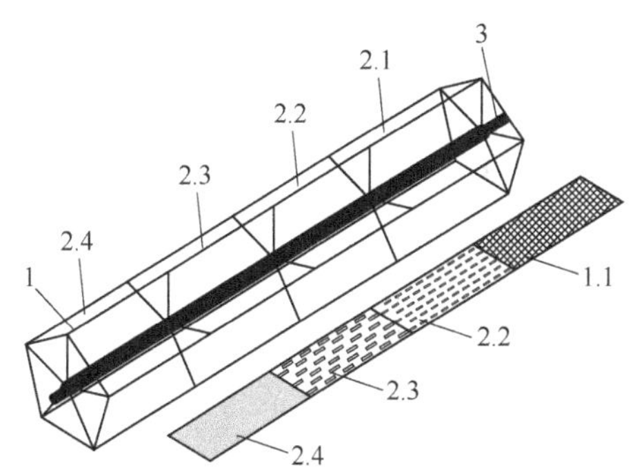

图 4-11　五面筛滚与筛网结构示意图

1—骨架；2.1～2.4—筛网；3—主轴

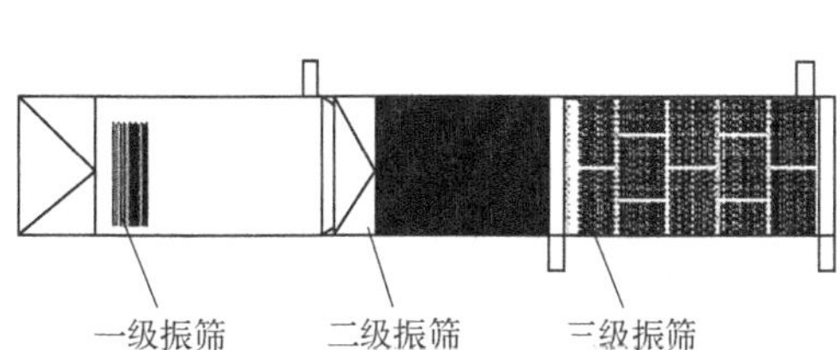

图 4-12　异形筛网烟梗筛分机结构

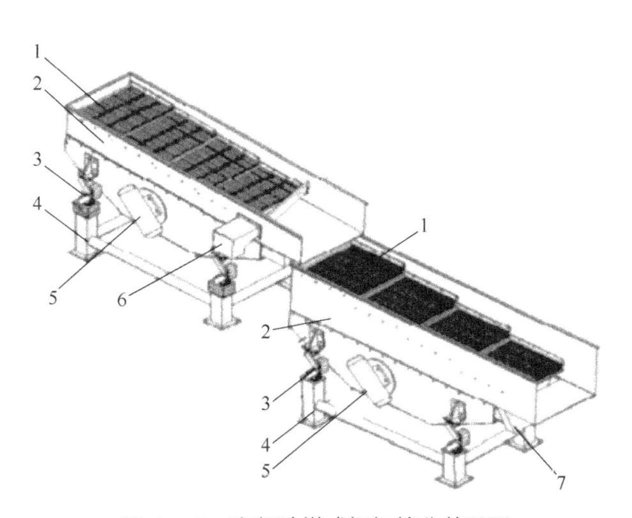

图 4-13　高频阶梯式烟梗筛分装置图

1—筛网；2—床体；3—弹性支持；4—机架；5—振动电机；6—第一杂物出口；7—第二杂物出口

烟草异物光电在线剔除系统整机研制和生产，较为先进的是德国 HAUNI 公司的 Tobacco Scan、Aerosort、比利时 BEST 公司的 Helius 光学分选机和美国 SRC Vision 公司的 Tobacco Sorter 系列[6]，Aerosort 光选除杂机和 Tobacco Sorter 系列烟草异物剔除主要用于烟叶中的异物剔除及烟叶精选，Tobacco Scan 和 Helius 不仅用于烟叶精选，在烟梗异物剔除方面也有成功的应用。

图 4-14 为 Tobacco Scan 主要结构组成示意图。该系统主要包括物料单层化单元、激光扫描单元、异物剔除单元、电控单元。

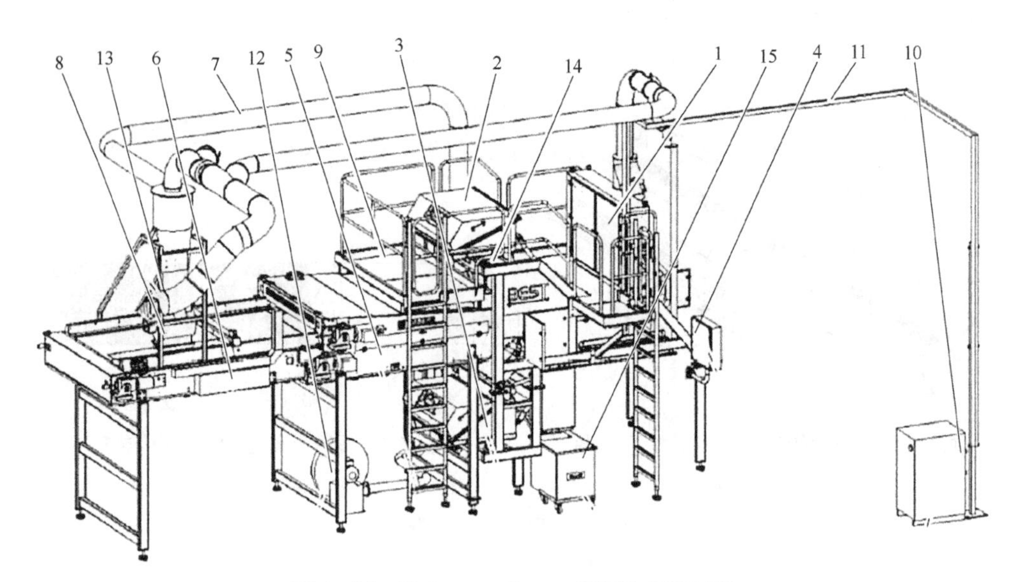

图 4-14　Tobacco Scan 结构组成示意图

1—光学单元；2—上光学扫描箱；3—下光学扫描箱；4—操作面板；5—双皮带系统；6—预加速皮带；7—气动回送装置；8—带气闸；9—平台和梯子；10—冷却单元；11—从冷却单元到光学单元的管路；12—风机；13—吸尘装置接口；14—压缩空气接口；15—废品箱

图 4-15 为 Tobacco Scan 物料单层化单元，该单元主要作用是将物料摊薄，Tobacco Scan 采用双层传送带输送系统稳定物料，下层传送带负责物料的高速输送，上层传送带带动物料上方的空气以相同的速度运动，这样高速运动的物料与它上方的空气就能保持相对静止，避免出现翻滚和漂浮现象。

激光扫描单元（OSU）是整个检测系统的核心部分，是机器视觉系统的“眼睛”。其结构示意图如图 4-16 所示。激光发生器产生红、绿、蓝三束激光，经一组专门设计和布置的镜子合成为一束复合激光照射到多棱镜上，多棱镜（10 面）以 12000r/min 的速度高速旋转，将该束复合激光变成一幕光帘照射到物料和背景鼓上。激光光帘的作用：一是作为光源照亮物料，二是以 2000 线/s 的频率对物料进行扫描检测。由于每种物质都有自身独特的光学特性，因此背景鼓、烟叶和各种异物对激光的反射也不同，被反射回来的光线经先前相同的光路又被分成红、绿、蓝三束，经过控光装置后分别被三排光电倍增管接收，从而把光信号转换成电信号送至实时图像处理系统进行处理，以识别出异物及其所在的位置。实时图像处理系统对异物识别的基本思想是：用合格烟叶和背景鼓反射产生的平均信号作为参考信号，它在反射平面上是一个点，该点的具体位置取决于参考电压的大小。由于合格烟叶所覆盖的颜色是一个范围，因此又以该参考信号点为中心，定义了一个窗口区域，凡是落在该区域内的像素点就判定为合格烟叶，落在该区域之外的像素点就判定为异物予以剔除。

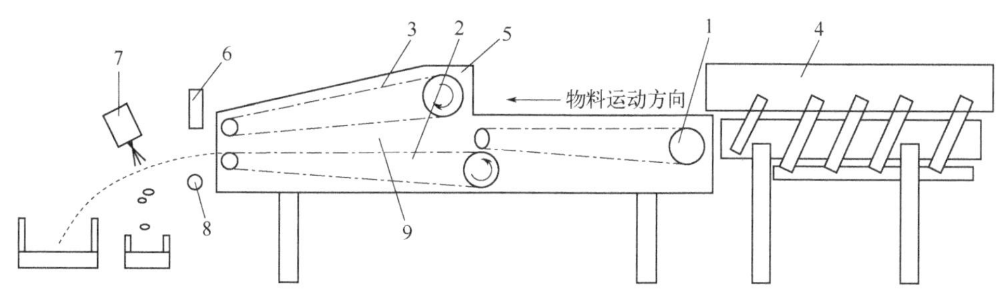

图 4-15 Tobacco Scan 物料单层化单元

1—预加速皮带；2—下层传送带；3—上层传送带；4—物料给料装置；5—串级式皮带输送机；6—激光探测装置；7—喷嘴；8—背景鼓；9—气楔

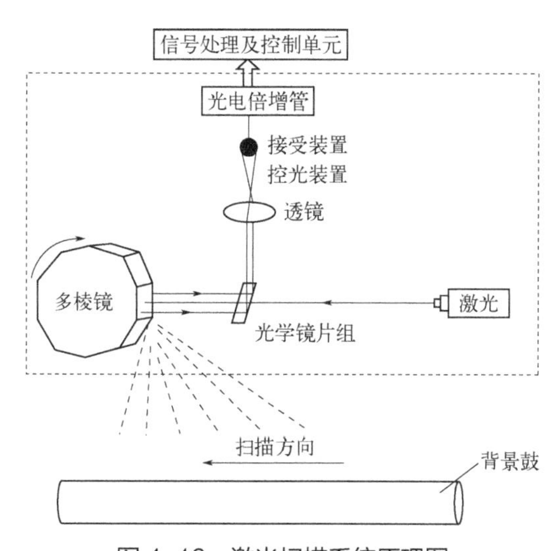

图 4-16 激光扫描系统原理图

异物剔除单元采用高压空气喷吹的方法实现合格物料和异物杂质的分离，包括高速电磁阀组、喷嘴体以及信号的功率放大部分。在烟草异物剔除系统中，从检测线到喷嘴的击打点之间的距离仅 150mm，皮带速度按 5m/s 计算，从激光探测装置获取信号，到数字信号处理器（DSP）识别出异物及其所在位置，再至电磁阀动作，高压空气打掉异物的整个过程所用时间不能超过 30ms。为了满足这一要求，在软件上采用简单高效的算法，硬件上选用专用的高速 DSP 芯片，而且电磁阀的选择和调整也十分关键，不仅要求其反应速度快，而且还要求它们运行特性具有一致性。

3. 机器视觉除杂

基于机器视觉的图像除杂技术不但可以实现对非烟草杂物（NTRM）的有效剔除，而且可以实现对烟梗的烟丝、形状、纹理等多个性状的有效识别，对烟梗中的细梗、短梗、梗拐等也可以进行有效的剔除。

FT 系列烟草异物检测剔除系统见图 4-17，主要由高速输送机及风送系统、视频柜系统、气流平衡柜系统、控制柜系统等四个主要部件组成。

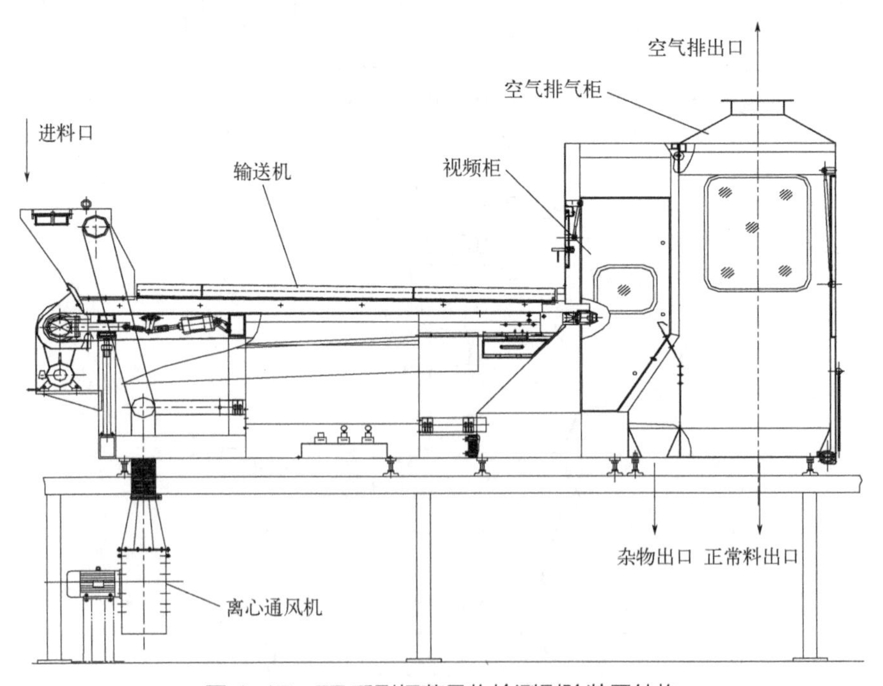

图 4-17　FT 系列烟草异物检测剔除装置结构

高速皮带输送系统见图4-18，系统包括高速皮带传动机构、压风罩（层流罩）、皮带清洁组件等，特制的高速皮带配合自动调校轨道系统，保证皮带在5m/s的速度下平稳运行，高速运行的皮带可以使物料在输送途中均匀散开处于最佳的待检测状态，并使异物尽量不夹杂在上下物料之间。

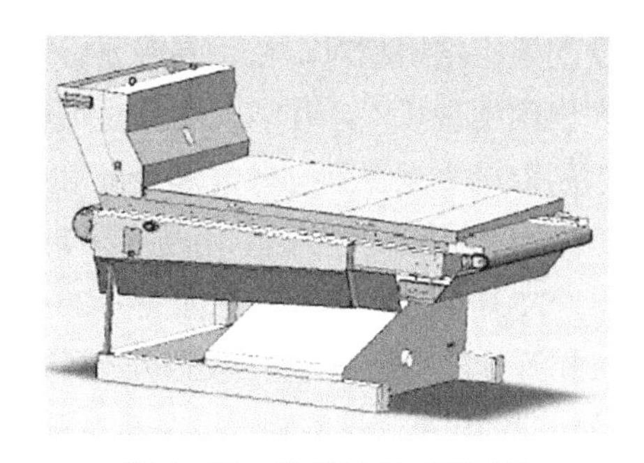

图4-18　高速皮带输送系统

FT系列异物检测剔除系统的基本原理见图4-19。被检测物料进入生产线上游摊薄机等辅联设备，形成均匀的薄层，使细小非烟杂物尽量不夹杂在被检测物料中间。高速输送机及风送系统将薄层被检测物料加速到5m/s稳定通过视频柜系统，高速线阵3CCD摄像机拍摄被检测物料图像，送入嵌入式FPGA+DSP图像采集处理硬件平台，通过独创的新一代图像处理算法的处理，结合形状、纹理等特征参数，识别出杂物，并计算出异物的相对坐标位置，高速发出指令给对应坐标的高速剔除电磁阀，将非烟杂物吹出。

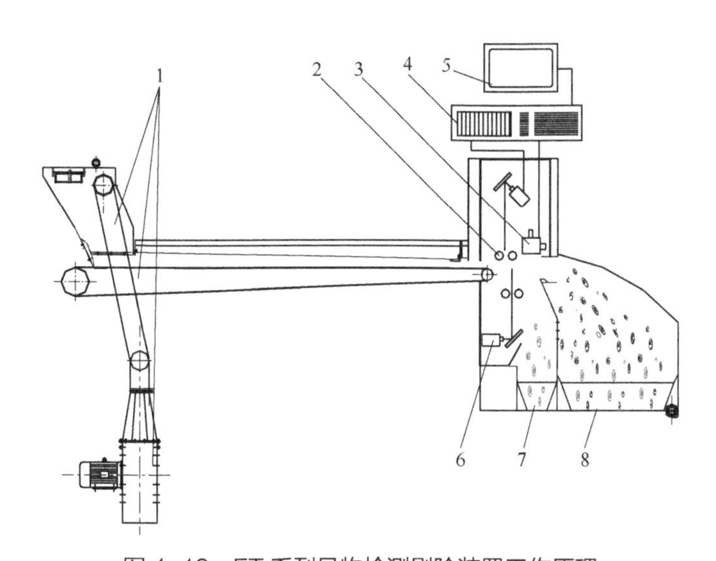

图4-19　FT系列异物检测剔除装置工作原理

1—层流系统；2—光源；3—剔除系统；4—控制界面；5—显示屏；6—摄像机；7—杂物出口；8—物料出口

4. 梗拐剔除

（1）滚筒筛分

梗拐是烟梗与烟茎相结合的部分，梗拐从外围形态上表现为一端扁平、宽大。

梗拐组织结构相对疏松，易吸水，后续加工过程中易破损或切丝时压紧不实，易产出跑梗现象[7]。近年来随着对烟梗精细化加工要求和梗丝质量要求的提升，梗拐剔除越来越受到打叶复烤企业和卷烟工业企业的重视。

梗拐的剔除主要是利用梗拐和烟梗形态的差异，采用条状筛网或滚筒筛进行剔除。

FS31 梗拐筛分机示意如图 4-20 所示。梗拐筛分机工作过程：烟梗由进料口进入梗拐筛分机，经前段短细梗筛分（网板孔径为 25mm×3mm 的长腰孔），筛分出短细梗，这一段的出梗拐螺旋输送机上部不开口。筛除短细梗后的烟梗进入后段的梗拐剔除，首先是一级筛分段（假设格栅间隔为 6mm），直径小于 6mm 的烟梗直接筛出滚筒进入出梗螺旋输送机，梗拐头直径＞6mm、梗拐杆直径≤6mm 的梗拐被格栅夹带到滚筒顶部，下落到出梗拐螺旋输送机；经一次筛分后的烟梗、梗拐混合物进入后段二级滚筒筛分（假设格栅间隔为 10mm），直径小于 10mm 的烟梗直接筛出滚筒进入出梗螺旋输送机，梗拐头直径＞10mm、梗拐杆直径≤10mm 的梗拐被格栅夹带到滚筒顶部，下落到出梗拐螺旋输送机；剩下的直接大于 10mm 的梗拐和粗梗由滚筒出口输送。

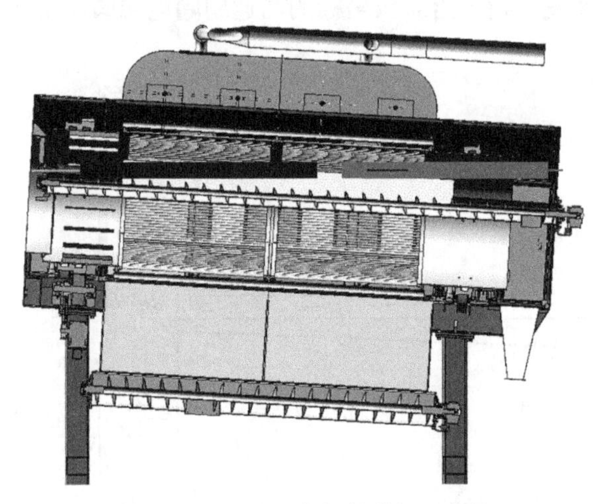

图 4-20　FS31 梗拐筛分机示意图

梗拐被格栅夹带到滚筒顶部时，大部分梗拐可以自由下落到出梗拐螺旋输送机里，少部分夹持得比较紧的梗拐通过振动防堵装置的敲击振动掉落到出梗拐螺旋机。

滚筒梗拐筛分机筛分滚筒结构见图 4-21。筛分滚筒分为前后两段，前段为短细梗筛分，后段为梗拐剔除。前段短细梗筛分为长腰孔板，孔尺寸为 25mm×3mm，总长 1200mm，后段格栅部分是梗拐剔除的主体，分为前后两级，第一级格栅的间隔为 6～8mm，第二级格栅间隔为 8～10mm。

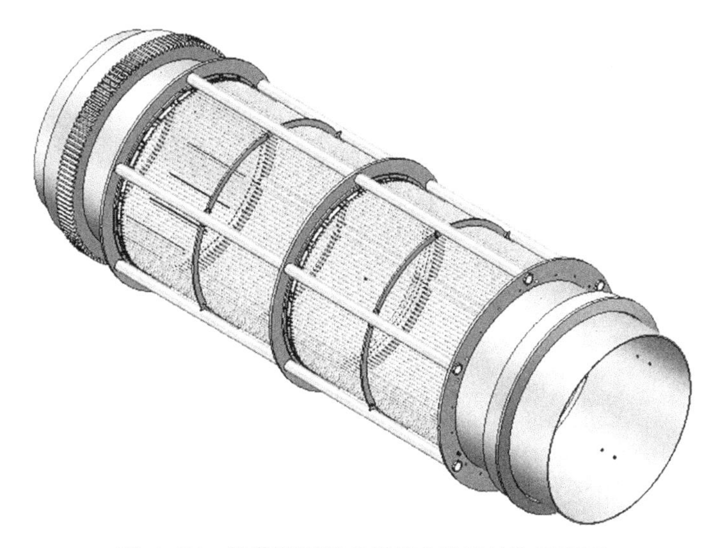

图 4-21 滚筒梗拐筛分机筛分滚筒结构示意图

滚筒筛的设计理念是利用格栅宽度分离梗拐，但是在实际使用过程中，梗拐的排列并不一定完全按照设想的方向有序排列，而且梗拐的尺寸差异也比较大，因此筛分效果并不十分理想，筛分效率低、漏筛、误筛现象明显，梗拐堵塞筛孔的问题也比较突出。

（2）智能视觉剔除

梗拐智能视觉剔除系统工艺流程见图 4-22，其基本原理是通过数据库和特定的算法，可自动识别并剔除烟梗中的梗拐。但如果烟梗全部通过视觉剔除设备处理，设备成本又偏高，另外来料烟梗中含有粗细不同、形状各异的烟梗、梗拐、细碎梗、粗大梗等，这些差异性物料对视觉系统的稳定运行会产生不利影响。所以，采用滚筒筛分+智能视觉系统相结合的处理模式，可以有效解决上述问题。

梗拐智能剔除系统分两级分离，第一级分离采用滚筒筛分机，它能将投料中的大部分合格品和不合格品筛选出来，并进行分类处理。通过滚筒筛分，将烟梗分为 4 个部分，直径小于 3mm 的细梗弃除，直径为 3～6mm 的合格细梗直接进入制梗线正常使用，直径大于 12mm 的超大梗及梗拐弃除，直径为 6～12mm 的粗梗、长梗及梗拐经过振筛将长梗分离出来，剩余的含有较多梗拐的直径为 6～12mm 的粗梗进入梗拐视觉剔除系统。第二级分离采用梗拐视觉剔除机，它通过数据库自动辨别，最大限度地剔除混合物中的梗拐，分离出来的合格梗则与滚筒筛选出来的合格梗汇合进入制梗线。

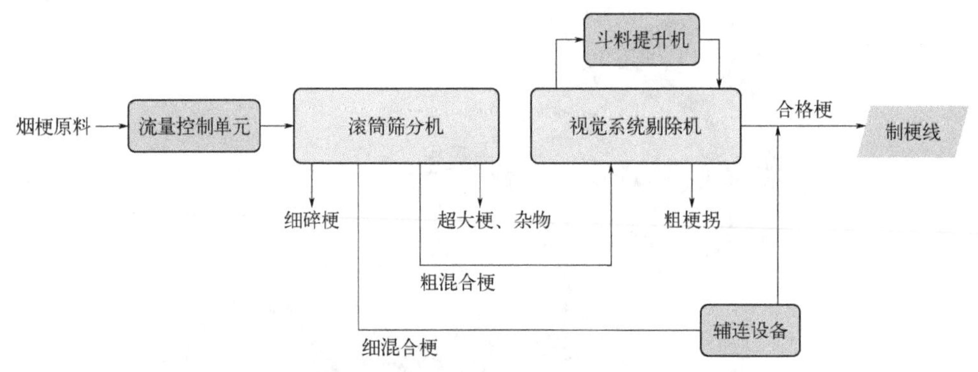

图 4-22　滚筒筛分+智能视觉剔除系统工艺流程图

梗拐视觉剔除系统单元结构如图 4-23 所示，单元处理能力为 200kg/h。单元由进料装置、振动器、溜槽、CCD 摄像头、反光板、喷阀、剔除物出口和成品出口以及电控箱和主控屏组成。烟梗经振动器均匀摊薄后沿溜槽向下滑行，烟梗物料经过摄像头和反光板之间的通道时梗拐剔除系统根据形状进行判别，梗拐被喷阀从溜槽打出到剔除物出口，烟梗沿溜槽滑入成品出口，实现烟梗和梗拐分离。与常规图像识别系统比较，该系统采用 5400 线阵 CCD 真彩高清识别技术，采用溜槽替代摊薄带，识别过程的物料重叠量更小，识别和剔除的位置更精准，系统的剔除率高，误剔率低。

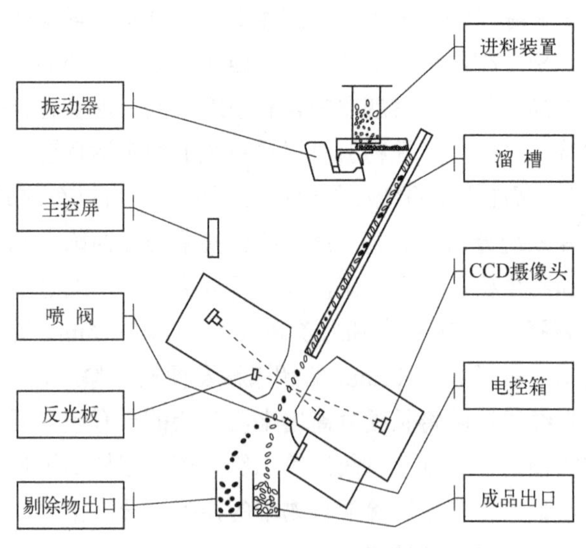

图 4-23　梗拐视觉剔除系统原理图

（二）结构调控

烟梗的结构调控主要包括两个方面的内容：一是利用机械、图像识别等方式对原料烟梗中的细梗、短梗、梗拐等影响烟梗加工的成分进行识别和剔除，保证烟梗结构的均一；二是利用机械外力，对原料烟梗中的超长梗进行打短，达到烟梗长度相对均匀的目的。

烟梗加工中，对细梗、短梗以及梗拐的剔除关注较多，对超长梗的关注较少，在烟梗加工过程中，超长梗对成丝质量也会产生一定的影响。一是超长梗的吸水性、膨胀性能与正常尺寸的烟梗差别较大，如采用高压润梗、微波膨梗或烟梗预膨胀工艺处理烟梗时，超长梗的润梗效果或膨胀效果较差。祁林[8]等利用回归分析法研究了不同浸梗时间烟梗含水率的变化趋势、不同尺寸烟梗达到特定含水率所需浸梗时间的变化趋势，以及不同尺寸烟梗浸梗后直径、长度和体积变化率的变化趋势。李晓[9]等研究了不同尺寸规格的烟梗对吸湿特性及梗丝质量的影响，结果表明不同尺寸规格烟梗吸湿性差异较大，不宜进行混合加工，对烟梗进行尺寸划分，可改善梗丝物理质量。二是超长梗在切丝时，如果切丝机切刀方向与烟梗长度方向平行，就会产生超长梗丝，这种超长梗丝大部分厚度不合格，后续会被作为梗签剔除，少部分厚度合格的长梗丝也会在梗丝干燥环节产生收缩卷曲，形成棒状梗丝，影响梗丝质量。因此需要对烟梗中的超长烟梗进行匀梗打短处理，保持烟梗尺寸规格的相对均一。

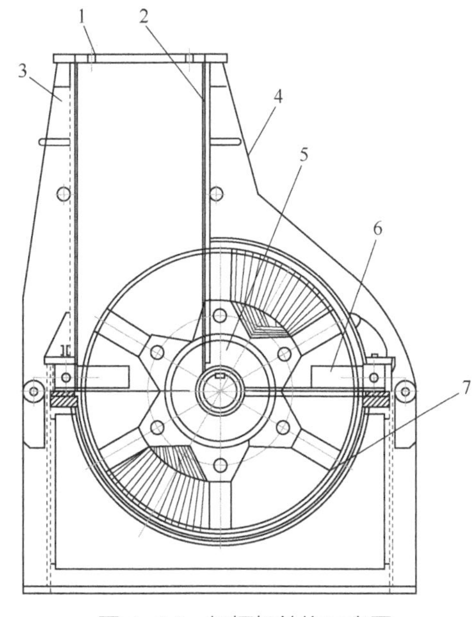

图 4-24　打梗机结构示意图

1—进料口；2—机架；3—左检修门；4—右检修门；5—动刀打辊；6—定刀；7—出料网板

打梗机用于烟梗预处理工序将长梗截短，以有利于提高后续烟梗的回潮处理，控制梗丝外形尺寸。打梗机结构组成包括进料口、机架、检修门、动刀打辊、定刀、出料网板，如图 4-24 所示。动刀打辊为旋转机构，定刀固定在机架上，动刀打辊和定刀相间布置，长梗经过输送设备定量进入打梗机内部，在动刀打辊组件和定刀的剪切作用下，将长梗截短，由出料筛网输出到筛分振筛，一般短梗长度为30mm左右。打梗机左右侧有检修门，便于检查和换刀。

四、烟梗回潮

早期烟梗回潮一般采用蒸汽式隧道回潮机、螺旋蒸梗机或滚筒式回潮机[10]，现在烟梗一次回潮大多采用洗梗机或浸梗机。

（一）洗梗机

洗梗机最初是为了去除烟梗表面的大部分灰尘及烟梗中夹带的杂物而应用到梗丝生产线上，实践证明，洗梗机结合烟梗贮存，不但能够完成烟梗的清洗，而且能够很好地完成烟梗的润梗任务。因其结构简单、性能可靠、能耗低，很快成为烟梗一次润梗的主选设备。

普通型洗梗机的结构见图4-25。工作原理是依靠水的冲洗作用，利用来料中夹杂的泥土、砂石等异物与水的比重差异，与水充分混合后，使灰尘溶于水，使砂石、金属等异物沉积，从而达到洗梗、分离梗和杂质的目的。同时，烟梗在温水中浸渍后可增温增湿，提高烟梗的含水量和温度，并使其表面和内部的水分、温度均匀，增强烟梗的柔软性和可塑性，以便在压切过程中减少造碎。

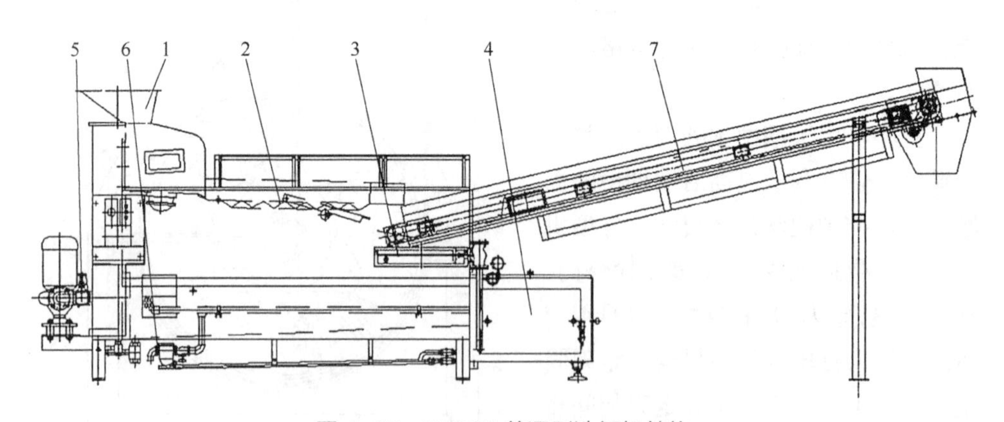

图4-25 WQ85普通型洗梗机结构

1—进料罩；2—水箱；3—洗梗槽；4—过滤装置；5—循环管路系统；6—排水系统组成；7—出料网带

洗梗机主要由水箱、分离水槽、管路系统、循环水系统、网带输送机、排潮系统等部分组成。在生产过程中，首先在洗梗机水箱中注入冷水，通过蒸汽对其进行加热，经过温度控制系统使水温保持在一定范围内，加热的温水通过循环水泵以一定流速送至搓板式水槽。烟梗通过定量喂料，经振动输送机输送至分离水槽，通过水的流动将漂浮在水面上的烟梗输送到网带上。在此过程中，增加烟梗的温度和含水率，洗去烟末和粉尘，并使相对密度较大的杂物沉入水槽底部。网带输送机上烟梗表面过多的水分可被排潮系统除去[11]。

（二）浸梗机

洗梗机的缺点是烟梗与水的接触时间短，水分难以在短时间内渗透到烟梗内部，洗梗后水分大多数停留在烟梗的表面。针对洗梗机的缺点，在洗梗机的基础上，研制出浸没式烟梗回潮机（图 4-26）。

图 4-26　浸梗机示意图

图 4-27 为 WQ83 型水槽式烟梗回潮机，主要结构由进料振槽、洗梗波纹板水槽、沉降挡板式除杂区、强制浸梗输送刮板、网带输送机构、管路控制柜体、水位控制系统、温度控制系统、循环水管路系统、箱体内部自动清洗系统等组成，烟梗进入该设备，在循环管路流出的水流带动下经过波纹板水槽清洗后进入刮板输送装置，在刮板输送装置中烟梗的前进速度与水流速度不同，水流速度快于烟梗的前进速度。烟梗的前进速度受刮板输送装置的速度控制，刮板输送装置速度快则烟梗在水中浸泡时间短，反之则长。通过调节刮板输送装置的速度，可以很方便地调节烟梗的浸泡时间，刮板输送装置可以使烟梗在浸梗机内的通过时间控制在 20～120s，从而控制烟梗的水分吸入量。烟梗被浸泡在规定温度的热水中，达到规定时间后通过提升机构送出浸梗设备，再进入贮柜进行水分平衡。

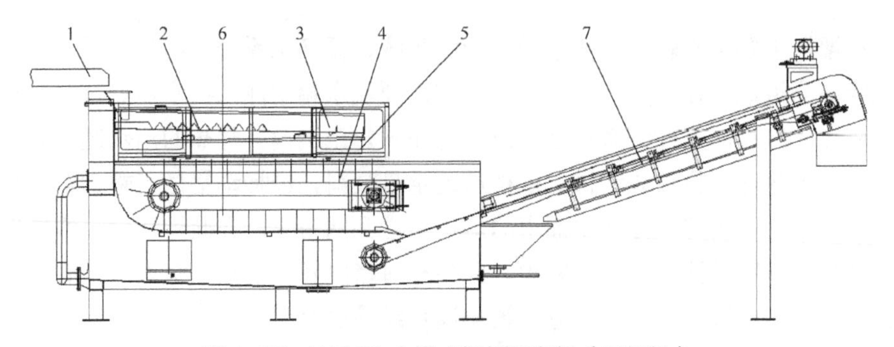

图 4-27　WQ83 水槽式烟梗回潮机（浸梗机）

1—进料振槽；2—洗梗波纹板水槽；3—沉降挡板式除杂区；4—强制浸梗输送刮板；5—平底水槽；6—强制浸梗区；7—出料皮带

同洗梗机相比，水槽式烟梗回潮机具有以下特点：

一是设备带刮板输送机构，能使烟梗在温水中强制浸泡 20～120s，一次即可达到回潮要求，不需要再进行蒸梗，能耗大大降低，且烟梗回潮更加均匀；二是设备带重杂沉降结构（沉降槽），对胶皮、封边带、扎带、金属、砂石等重杂物有很好的剔除作用；三是烟梗的回透率高，梗头少，出丝率高；四是简化了工艺流程，缩短了烟梗预处理时间，贮梗时间可缩短 50%。浸梗机参数见表 4-1。

表 4-1　浸梗机参数表

参数	WQ835	WQ836
生产能力/（kg/h）	≤3000	3000～5000
出料含水率增加/%	20～23	
出料温度/℃	≥50±3	
烟梗洗净率/%	99	
重杂物剔除率/%	95	
规格（网带宽度）/mm	950	1250
进料口尺寸（长×宽）/mm	770×240	1070×240
进料口高度/mm	2215	2215
出料口尺寸（长×宽）/mm	950×500	1250×500
出料口高度/mm	1780	1780
外形尺寸/mm	8073×1781×2712	8073×2082×2712

（三）隧道式回潮（HT）

隧道式烟梗回潮机（HT）（图 4-28）主要通过底部喷射蒸汽的振动输送槽体，将蒸汽喷射到烟梗上，使烟梗具有较高的温度，并得到一定程度的膨胀，为后续处理做好工艺准备。

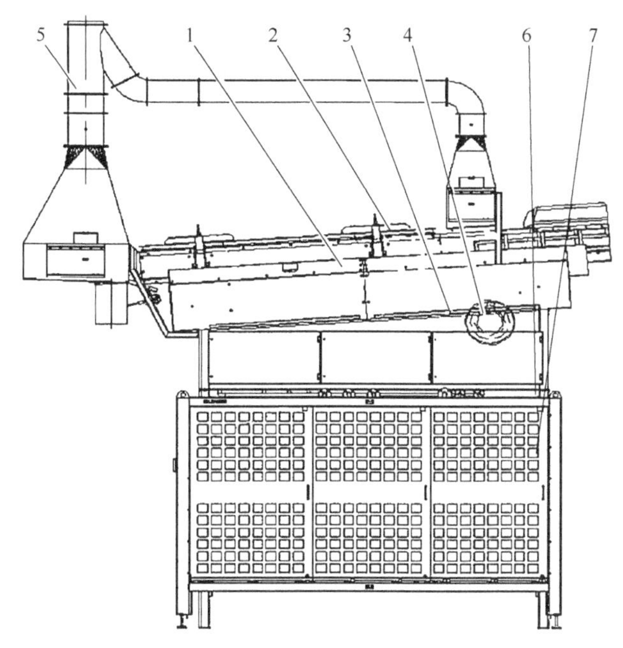

图 4-28　WQ7231A 隧道式烟梗回潮机

1—槽体；2—上盖；3—振动体；4—驱动装置；5—排潮管道；6—机架；7—管路系统

槽体与上盖板构成密闭的隧道，当物料进入该隧道时，蒸汽通过软管进入槽体底部的蒸汽夹套中，从均匀分布在槽体底面上的小孔向上喷射，直接作用在物料上，形成半浮状态的物料层；同时在振动作用驱动下，物料向出料端运动，使得物料经过隧道时得到有效的增温增湿。

（四）刮板式回潮

刮板式烟梗回潮机（图 4-29）由槽体、上盖、刮板轴、排潮风道及管路控制系统组成，烟梗进入槽体，由于设备有一个向下的倾斜角度，在旋转刮板的作用下，物料被反复提起落下并被不断推进。同时，刮板轴上喷出的蒸汽和位于槽体上方的双介质喷嘴喷出的雾化水，共同作用在烟梗上，达到加温加湿的作用。

图 4-29 和图 4-30 所示的刮板式烟梗回潮机，倾斜设置的机架上端设有 U 形槽体，在 U 形槽体的进料端和出料端分别装有进料气锁和出料气锁。U 形槽体内部设置中空刮板轴，使其一端与供汽管路连通。为保证供汽均匀，在刮板轴的轴向均布有喷嘴，而位于各喷嘴之间的刮板轴的轴向分布上设有刮板。其中一刮板处于 U 形槽体的下方时，物料被间隔成几个相对独立的空间，由喷嘴直接作用于物料进行回潮，旋转至 U 形槽体上方时，又能充分混合，并接受上方喷嘴的作用，从而提高

物料含水率。刮板回潮机可一次性将烟梗含水率提高到 32%以上，且物料表面无水滴现象，并为切梗丝和梗丝膨胀提供了良好的工艺条件。刮板回潮机参数见表 4-2。

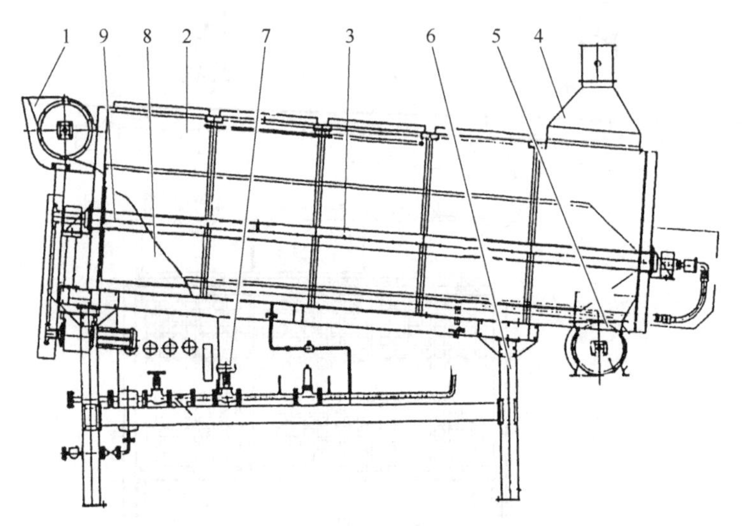

图 4-29 刮板式烟梗回潮机结构示意图

1—进料气锁；2—U 形槽体；3—刮板轴；4—抽气罩；5—出料气锁；6—机架；7—蒸汽管路；8—刮板；9—喷嘴

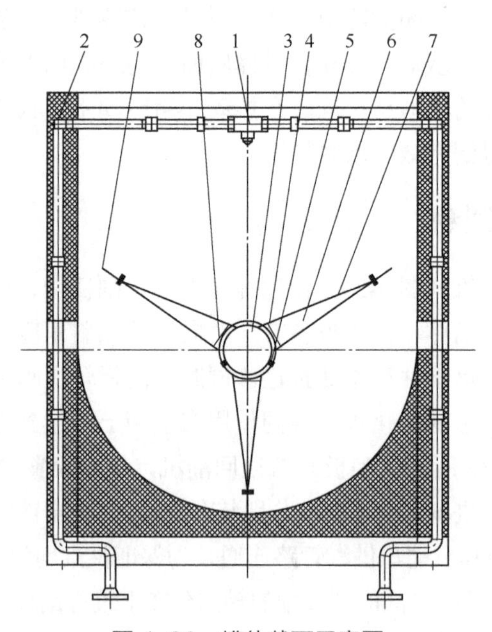

图 4-30 槽体截面示意图

1, 5—喷嘴；2—槽体；3—刮板轴；4—刮板；6—端板；7—翘板；8—槽板；9—可调板

表 4-2 刮板回潮机参数表

参数			WQ51A WQ52A	WQ55A WQ56A	WQ57A WQ58A	WQ511A WQ512A	WQ513A WQ514A
工艺性能参数	生产能力/（kg/h）		700～1200	1200～1700	1700～2400	2400～3400	3400～4200
	出料含水率增加/%		（3～5）±1.5				
	出料温度/℃		≤（75±3）				
耗能参数	工艺水	压力/MPa	0.3	0.3	0.3	0.3	0.3
		耗量/（kg/h）	90	130	180	260	350
	清洗水	压力/MPa	0.3	0.3	0.3	0.3	0.3
		耗量/（kg/次）	500	500	500	1200	1200
	蒸汽	压力/MPa	0.8	0.8	0.8	0.8	0.8
		耗量/（kg/h）	320	340	450	720	740
	压缩空气	压力/MPa	0.6	0.6	0.6	0.6	0.6
		耗量/（m^3/h）	0.3	0.3	0.3	0.3	0.3
	冷凝水	排量/（kg/h）	10	11	15	21	28
	排潮	风压/Pa	−500	−500	−500	−500	−500
		风量/（m^3/h）	3000	3250	4527	4506	4506
	装机功率/kW		2.2	3	3	4	4
结构参数	槽体尺寸（长×宽×高）/mm		4550×866×1290	4550×1066×1490	4550×1266×1690	4930×1566×1993	5730×1566×1993
	槽体倾角/（°）		5	5	5	4	3
	刮板轴转速/（r/min）		22～28	22～28	22～28	22～28	22～28
	进料口尺寸（长×宽）/mm		550×352	700×352	800×352	700×352	700×352
	进料口高度/mm		2690	2890	3089	3499	3462
	出料口尺寸（长×宽）/mm		415×426	615×426	812×426	1012×608	1012×608
	出料口高度/mm		1000	1000	1000	1100	1100
	外形尺寸（长×宽×高）/mm		5813×1708×4039	5973×1896×4270	5964×2096×4450	6816×2568×4869	7637×2568×4869
	设备重量/kg		3642	3820	4020	4995	5270

（五）高压润梗

WQ25 型蒸汽增压烟梗回潮机用于烟梗制丝线的烟梗回潮工序，水洗梗通过 WQ25 型蒸汽增压烟梗回潮机可以快速实现烟梗回潮，回潮后的烟梗可以直接进行压梗切丝。WQ25 型蒸汽增压烟梗回潮机包括进料气锁、回潮螺旋输送机、出料气锁、进出料排潮消声系统、蒸汽增压增温系统和电控系统等部分。外形图如图 4-31 所示。

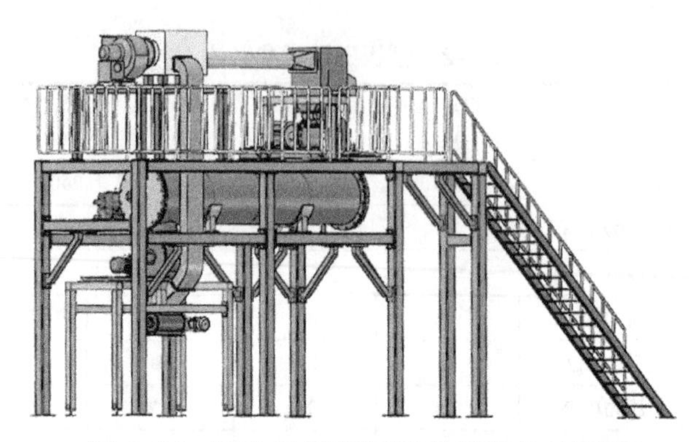

图 4-31　WQ25 型蒸汽增压回潮机的外形图

烟梗预处理技术装备主机工作原理如图 4-32 所示。水洗后的烟梗（含水率 22%～25%）经进料气锁进入润梗螺旋输送机，在螺旋输送的过程中，烟梗在压力为 0.20～0.45MPa、温度 130～220℃的蒸汽环境进行充分的水分渗透和热交换，加工时间在 30～120s 左右，加热后的烟梗在出料气锁处释放。蒸汽源来汽经电加热器加热后形成过热蒸汽送入螺旋输送机。进出料气锁保证烟梗连续进出螺旋输送机的同时保持蒸汽增压回潮环境的温度和压力稳定。

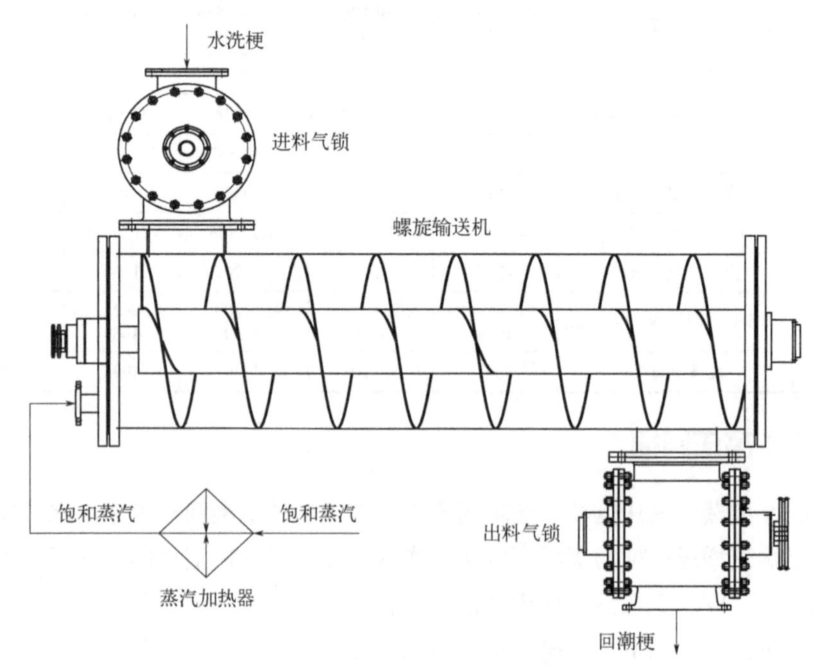

图 4-32　蒸汽增压回潮机工作原理示意图

回潮螺旋输送机和进出料气锁是蒸汽增压回潮设备的主要部件，螺旋输送机结构如图 4-33 所示。

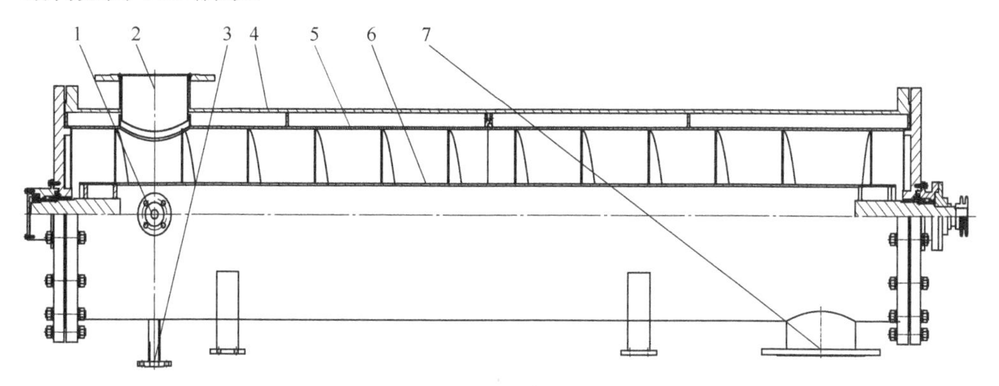

图 4-33　回潮螺旋输送机结构

1—蒸汽进口；2—进料口；3—冷凝水排放口；4—承压壳体；5—内衬套；6—螺旋输送机；7—出料口

烟梗进出蒸汽增压环境采用的进出料设备是高温高压气锁。烟梗经过下料管落入气锁星形转子的轮槽内，星形转子在减速机驱动下匀速旋转，当盛装烟梗的星形转子轮槽转到下方时，烟梗在重力作用下，进入或输出蒸汽增压环境，完成进出料的动作。进出料气锁连接较大进出料罩，日的是可以让泄漏的蒸汽在密闭空间中膨胀降压，同时可以收集泄漏蒸汽，并通过排潮风机将泄漏蒸汽抽出。气锁星形转子转速可以调节，可适当控制蒸汽增压环境的蒸汽耗量。

进出料均采用能够适应-20～250℃温度环境的高压密封气锁，在不发生卡滞的情况下能保证在 0～0.8MPa 压力下的密封性能。气锁的进出料口为一端圆口、一端方口，圆口与螺旋机相联接，方口的作用为烟梗在释放膨胀的瞬间能够产生较大的开度，缩短过热蒸汽和烟梗混合物的降压时间，以获得一定的膨胀效果。

气锁壳体与星形转子之间的密封采用了轴向间隙自动补偿机构和径向间隙自动补偿机构，以补偿在温度变化过程中壳体和转子的热膨胀不一致而可能产生的卡滞或泄漏。气锁内部结构如图 4-34 所示。

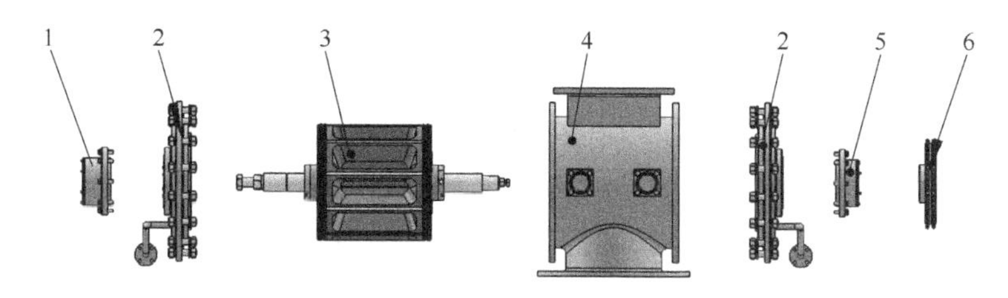

图 4-34　气锁内部结构（剖视图）

1—左端轴承组件；2—端盖组件；3—转子总成；4—壳体组件；5—右端轴承组件；6—链轮组件

转子上有凹槽，凹槽主要用于运送烟梗，在两个凹槽之间有密封条，在凹槽两端有密封圈，安装后密封条和密封圈紧贴壳体，将每个凹槽密封成一个独立腔体，当转子转动时，每个密封的腔体在气锁进出料口来回转动，将烟梗连续地从一个压力空间运送到另一个压力空间，并保证了两个压力空间压力稳定不变。左端轴承组件和右端轴承组件主要用于安装轴承。端盖组件用于连接轴承组件和壳体，在端盖组件内还安装有旋转轴密封元件，确保蒸汽不外逸，同时端盖组件上还有冷凝水排放口，可在气锁运行时及时排放气锁侧腔中的冷凝水。壳体组件上还设置有进出料口，以及气锁在线清理的进出风口。减速机通过链条连接链轮组件，驱动气锁转动。

气锁在运行过程中由于烟灰烟油的积累而影响运行，气锁在线清理系统使气锁得以边运行边清理，这样减少了气锁内烟灰烟油的积累。气锁在线清理系统工艺流程见图4-35。

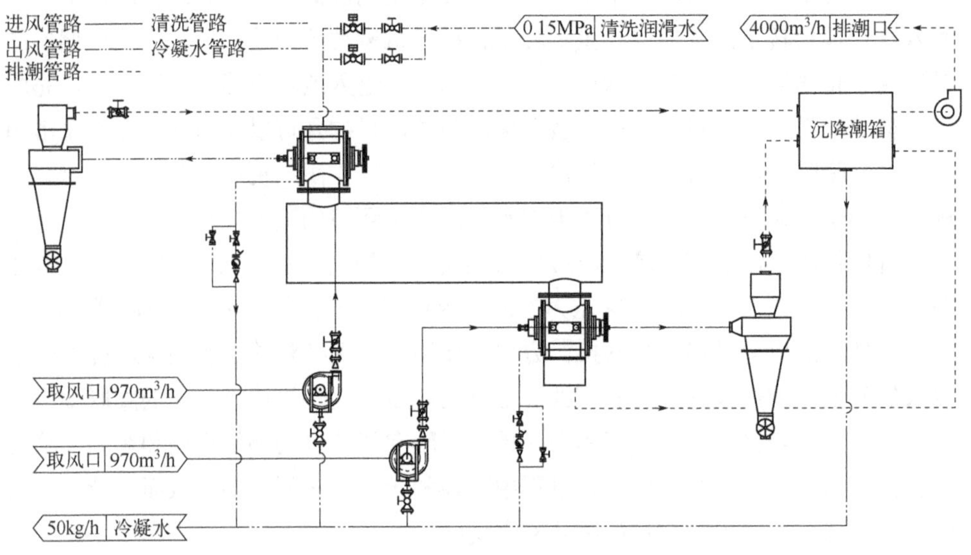

图4-35　气锁在线清理系统工艺流程图

气锁在线清理系统的原理，如图4-36所示，烟梗从气锁进料口进入，并落入气锁转子的凹槽中，烟梗随转子以速度ω转动到气锁出料口，并从气锁出料口落入螺旋输送机，此时转子凹槽中有烟灰烟油以及少量烟梗D1残留，气锁转子继续转动，当转子转动到气锁背面并排的进出风口时，风机将高压干风W1从气锁壳体上的进风口吹入，高压干风 W1 进入气锁凹槽后将残留物 D1 和水蒸气带走，形成高压湿风 W3 和 D1 的混合物，这些混合物进入旋风除尘器，其中残留物 D1 从旋风除尘器下端的关风阀排出，高压湿风 W3 进入排潮系统沉降箱，最终高压湿风 W3 和排潮系统中的湿空气一起排走。气锁在线清理系统使气锁得以边运行边清理，这样减少了气锁内烟灰烟油的积累，将气锁日常维护时间从 3 月/次提高到 12 月/次，减少了气锁的维护，提高了气锁的使用寿命。

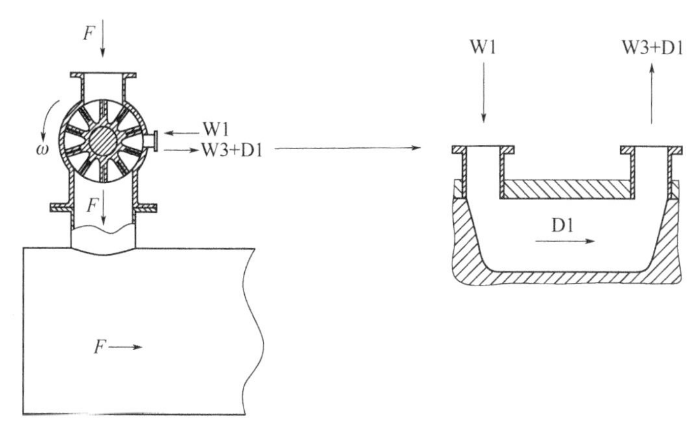

图 4-36　气锁在线清理装置原理图

高压润梗在高温高压下能够快速地使水分向烟梗内部渗透，烟梗可以不经过贮存直接切丝，缩短了加工工艺流程和时间，并且高温高压会使烟梗适度膨胀，提高了烟梗的填充性能，部分去除杂气等。采用高压润梗需要注意两个问题：一是蒸汽增压回潮梗处理的来料含水率要求在 22%～25%，因此要控制洗梗机的参数，适当降低细梗后的含水率；二是要对烟梗原料进行打短处理，将长梗截短到 25～30mm 定长，以提高烟梗的润渍效果和膨胀效果。WQ 系列高压润梗机参数见表 4-3。

表 4-3　WQ 系列高压润梗机参数表

参数	WQ25	WQ25A
生产能力（含水率 12%）/（kg/h）	1500	3000
蒸汽耗量/（kg/h）	≤800	≤1000
蒸汽压力调节范围/MPa	0～0.3	
蒸汽温度调节范围/℃	140～180	
装机总功率/kW	41	56
出梗含水率/%	25～30	

五、烟梗的贮存

(一)贮存的目的

烟梗贮存一般在一次回潮后，近年来，随着对烟梗原料质量要求的提升、生产线自动化水平的提升以及需降低现场劳动强度及改善工作环境，有企业对原料烟梗进行筛分、除杂、自动开包处理后，贮存于贮柜中，提升整线自动化水平。烟梗贮存主要有以下几个方面的作用：一是满足烟梗工艺贮存要求，便于连续化生产；二是平衡烟梗含水率和温度，提高润梗效果；三是物流缓冲、使物流在线流量连续、稳定；四是提高烟梗原料的混合均匀性。

(二)贮存质量要求

贮柜要求物料进出通畅，布料均匀，出料完全，贮柜及底带不得有烟梗残留。

(三)贮存工艺与设备

贮柜由柜体头部、柜体、柜体尾部、输送链带、铺料车、传动系统、电气系统部分组成。柜体头部是贮柜的出料部分，为框架式钢结构件，在它上面装有输送链罩、主传动轴及其传动装置、耙料轴及其传动装置。柜体是贮柜的贮料部分，为框架式钢结构件，它由立柱、壁板、上下轨道等组成，其中壁板均由镜面不锈钢板制作。柜体尾部为框架式钢结构件，它由壁板、立柱、后壁板、被动轴等组成。被动轴既为输送链带回转的转动轴，又可通过调整它使底带链条张紧。柜体尾部上安装的缓冲装置（条播布料时）对铺料车的换向起缓冲和安全限位作用。输送链带为贮柜贮存、输送物料的承担者，在传动装置的驱动下将物料向出料口方向输送，它主要由链条、托板、输送带组成。铺料车是贮柜的另一主要部分，它由传动装置、输送带、机体组成，它的任务是将物料往复成直线条播或步进堆积在柜体内。贮柜的传动系统分为：输送链带传动装置、铺料车行走及皮带运动传动装置、耙料辊卸料传动装置。对顶式贮柜电气系统由接线盒、光电开关、铺料车拖挂电缆装置等组成。

贮柜按照其布局及结构可以分为单层贮柜（图 4-37）、双层贮柜和对顶贮柜（图 4-38），按照其布料方式可以分为条播布料式和寻堆布料式，烟梗贮柜一般采取单层贮柜或对顶贮柜，布料方式一般为条播式。

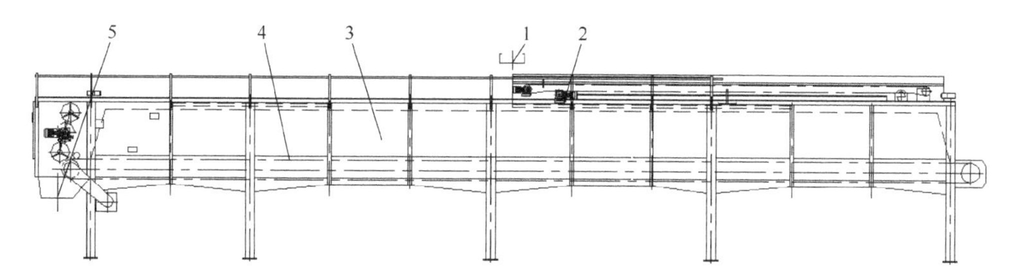

图 4-37　单层贮柜外形图

1—布料机；2—布料车；3—柜体；4—底带；5—出料口

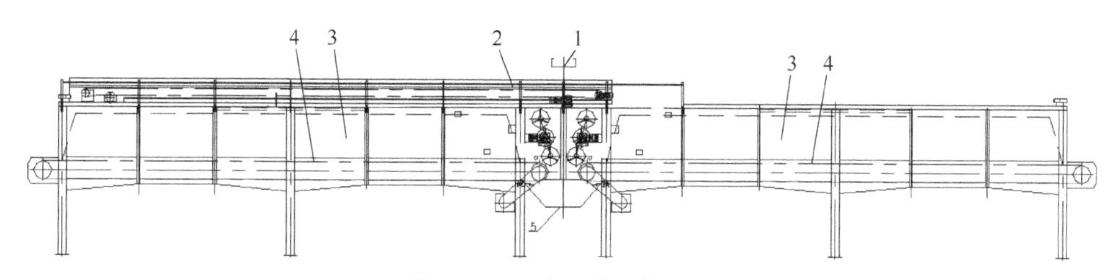

图 4-38　对顶贮柜外观图

1—布料机；2—布料车；3—柜体；4—底带

参考文献

[1] 陆俊平，徐雯熙，杨小雨，等．烟草工业新型短梗、细梗筛分设备的研究[J]．现代农机，2019(1): 50-52.

[2] 陈延宁，李建林，田宏，等．闭式五面筛滚烟梗分选机的设计与应用[J]．烟草科技，2013(2): 27-29.

[3] 郑红艳，赵剑，邹泉，等．异形筛网烟梗筛分机的设计与应用[J]．机械制造，2020, 58(1): 9-12.

[4] 郑茜，夏自龙，袁海霞，等．高频阶梯式烟梗分选筛的设计与应用[J]．食品与机械，2019, 35(7): 124-127.

[5] 刘军．烟草在线异物实时识别与自动剔除系统研究[D]．重庆：重庆大学，2003.

[6] 唐向阳，张勇，黄岗，等．Tobacco Sorter 和 Tobacco Scan6000 烟草异物剔除系统的比较[J]．烟草科技，2004(02): 13-16.

[7] 陆俊平，杨小雨，袁玉通，等．打叶复烤中梗拐剔除设备的研究[J]．现代工业经济和信息化，2018, 8(14): 18-20, 23.

[8] 祁林，王仕宏，高辉，等．烟梗尺寸对浸梗效果的影响[J]．江西农业学报，2019, 31(1): 42-46.

[9] 李晓，周利军，纪晓楠，等．不同尺寸规格的烟梗吸湿特性及梗丝质量的影响[J]．西南农业学报，2017, 30(3): 675-680.

[10] 黄家礽．烟草工业手册[M]．北京：中国轻工业出版社，1999: 587.

[11] 张忠云．水槽式烟梗回潮机加热系统改善设计[J]．无线互联科技，2020, 17(3): 52-53.

第五章　烟梗制丝

烟梗制丝是烟梗加工的重要工序，通过压梗切丝，将棒状的烟梗制成片状或丝状的梗丝。

一、压梗

（一）压梗的目的

压梗是指利用外力对润透的烟梗进行挤压，压梗的目的：一是挤压烟梗，疏松烟梗组织结构，降低机械强度，便于切丝；二是使烟梗呈片状，便于烟梗切丝后呈丝状[1]；三是提高梗丝填充性能[2]，改善梗丝感官质量[3]。

（二）压梗工艺与设备

压梗机主要由机架、压梗部件、驱动装置、保护罩、刮刀支架、罩盖、管路系统等部分组成（图 5-1）。压梗机工作原理：来料经进料振槽振动输送，均匀地喂入一对相对旋转的压辊，烟梗通过压辊得到挤压。如果来料中含有其他硬物或来料过多时，会自动启动卸荷保护功能，将动辊张开。

SY232 型压梗机生产能力为 1200～2000kg/h，压辊间隙为 0.6～1.0mm，推荐压辊间隙为 0.8mm。SY21、SY22 型压梗机生产能力为 1000～2000kg/h，压辊间隙为 1.0～2.5mm。SY232 型压梗机和 SY21、SY22 型压梗机主要技术参数见表 5-1 和表 5-2。

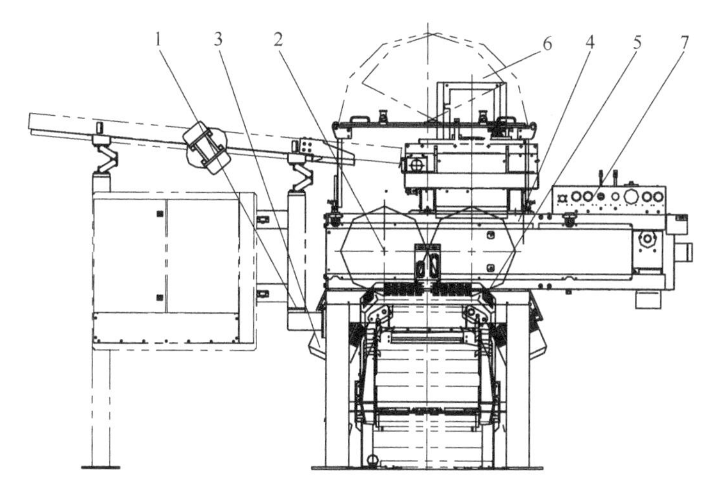

图 5-1　SY232 压梗机示意图

1—机架；2—压梗部件；3—驱动装置；4—保护罩；5—刮刀支架；6—罩盖；7—管路系统

表 5-1　SY232 压梗机主要技术参数

<table>
<tr><td colspan="2">参数</td><td colspan="8">SY232</td></tr>
<tr><td rowspan="3">工艺性能参数</td><td>压辊规格/mm</td><td colspan="8">ϕ600×1200</td></tr>
<tr><td>压辊间隙/mm</td><td colspan="2">0.6</td><td>0.7</td><td colspan="2">0.8（推荐）</td><td>0.9</td><td colspan="2">1.0</td></tr>
<tr><td>生产能力/（kg/h）</td><td colspan="2">1200</td><td>1400</td><td colspan="2">1600</td><td>1800</td><td colspan="2">2000</td></tr>
<tr><td rowspan="8">耗能参数</td><td rowspan="2">蒸汽</td><td colspan="4">压力/MPa</td><td colspan="4">0.4</td></tr>
<tr><td colspan="4">耗量/（kg/h）</td><td colspan="4">25</td></tr>
<tr><td rowspan="2">工艺水</td><td colspan="4">压力/MPa</td><td colspan="4">0.4</td></tr>
<tr><td colspan="4">耗量/（kg/h）</td><td colspan="4">10</td></tr>
<tr><td rowspan="2">压缩空气</td><td colspan="4">压力/MPa</td><td colspan="4">0.4</td></tr>
<tr><td colspan="4">耗量/（m^3/h）</td><td colspan="4">4.1</td></tr>
<tr><td rowspan="2">装机功率</td><td colspan="4">压辊/kW</td><td colspan="4">2×11</td></tr>
<tr><td colspan="4">间隙调整/kW</td><td colspan="4">4</td></tr>
<tr><td rowspan="5">结构参数</td><td>压辊转速/（r/min）</td><td colspan="8">111</td></tr>
<tr><td>出料方式</td><td colspan="4">垂直出料</td><td colspan="4">顺向出料</td></tr>
<tr><td>主机操作面位置</td><td colspan="2">右侧</td><td colspan="2">左侧</td><td colspan="2">右侧</td><td colspan="2">左侧</td></tr>
<tr><td>驱动电机位置</td><td>右侧</td><td>左侧</td><td>右侧</td><td>左侧</td><td>右侧</td><td>左侧</td><td>右侧</td><td>左侧</td></tr>
<tr><td>出料方向</td><td>左侧</td><td>右侧</td><td>左侧</td><td>右侧</td><td colspan="4">直行</td></tr>
</table>

续表

参数		SY232							
结构参数	进料口尺寸（长×宽）/mm	1242×310							
	出料口尺寸（长×宽）/mm	1248×667				1094×667			
	进料口高度/mm	1970							
	出料口高度/mm	925				805			
	外形尺寸/mm	2618.5×2345×2401	2618.5×2128×2401	2618.5×2118×2401	2618.5×2345×2401	2618.5×2345×2401	2618.5×2128×2401	2618.5×2118×2401	2618.5×2345×2401
	设备质量/kg	7220							

表 5-2　SY21 和 SY22 型压梗机主要技术参数

参数			SY217/SY218	SY221/SY222
工艺性能参数	规格/mm		ϕ600×1000	ϕ600×1200
	生产能力/（kg/h）		1000～1250	1250～2000
	压梗厚度/mm		1～2.5	
耗能参数	工艺水	压力/MPa	0.3	0.3
		耗量/（kg/h）	55	65
	压缩空气	压力/MPa	0.6	0.6
		耗量/（m^3/h）	30	35
	装机功率/kW		23	27.9
结构参数	压辊转速/（r/min）		200	165
	进料振槽规格（长×宽）/mm		1550×970	1550×1170
	进料振槽高度/mm		2117	2117
	出料振槽规格（长×宽）/mm		2105×1090	2105×1290
	出料振槽高度/mm		916	917
	外形尺寸/mm		3169×2141×2322	3159×2341×2322
	设备质量/kg		9080	9460

（三）压梗质量

压后的烟梗厚度没有统一的标准要求，一般是根据后续加工工艺质量及工艺流量需求对压梗厚度进行适当调整，大多数情况下要求压梗厚度≤2.0mm，厚度均匀，烟梗无破损。近年来，随着对烟梗成丝要求的提高，尽量采取“薄压”，提高成丝效果，超薄压梗机可以将烟梗压薄至0.2mm。

压梗过程中烟梗破碎率高，其原因一般为以下三点：一是烟梗含水率过大，贮梗时间长，烟梗表皮及内部组织失去弹性；二是压辊间隙过小，压梗厚度太薄，烟梗组织破坏严重；三是烟梗回潮效果不好，含水率、温度偏低或不均匀。

二、切梗丝

（一）切梗丝的目的

切梗丝的主要目的是将棒状的烟梗切成片状或丝状梗丝，增加梗丝与烟丝的形态配伍性，提高填充及燃烧性能，改善感官质量。

不同形态梗丝对卷烟工艺及卷烟质量主要有两个方面的影响：一是影响掺配的均匀性[4]，二是影响卷烟质量稳定性。

（二）切梗丝工艺与设备

切梗丝设备包括国产SQ型系列切丝机、德国HAUNI公司KT、TOBSPIN切丝机以及GARBUIO公司的SD-EVO、SD5切丝机等。

1. SQ型切丝机

SQ型切丝机主要由机架、输送系统、刀辊系统、磨刀系统、驱动系统、料位监测系统、安全保护系统、人机界面以及控制系统等组成（图5-2）。SQ型切丝机样图见图5-3。工作原理：切丝机启动后，刀辊电机按设定的转速驱动刀辊，使刀辊上均匀分布的、由砂轮往复磨削的切丝刀片在刀门处作旋转运动。同时，设定流量的叶片（或烟梗）通过设定速比的上、下排链输送并压实，使其逐步形成紧密的“烟饼”输出刀门，被高速旋转切丝刀连续切削，切成所需宽度的叶丝或梗丝，从落料斗输出。国产SQ切丝机主要技术参数见表5-3。

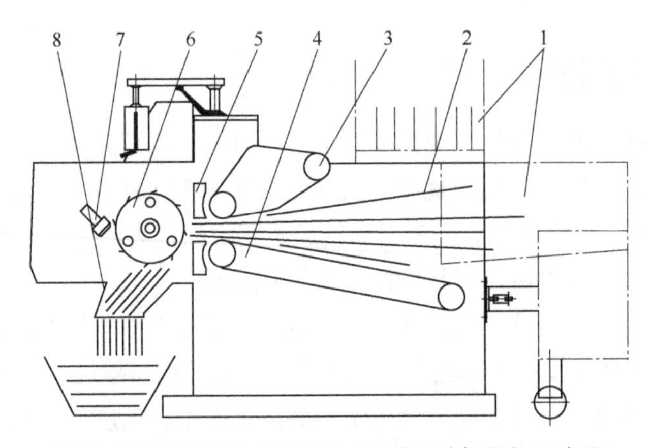

图 5-2　SQ36 曲（直）刃水平滚刀式切丝机示意图

1—机架；2—输送系统；3—上排链；4—下排链；5—刀门控制系统；6—刀辊系统；7—磨刀系统；8—出料口

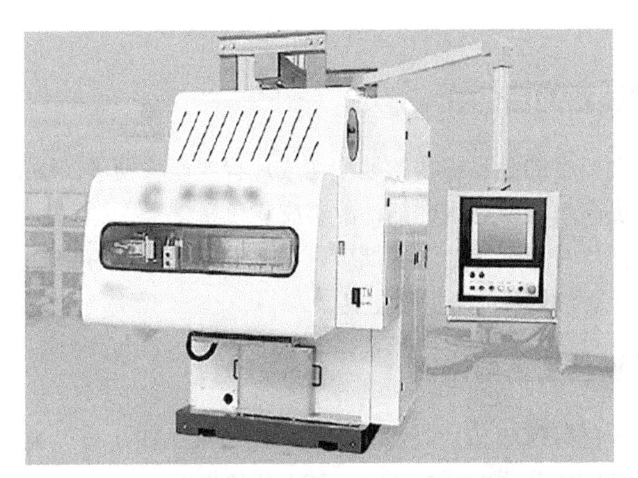

图 5-3　SQ36 曲（直）刃水平滚刀式切丝机样图

表 5-3　国产 SQ 切丝机主要技术参数

主要技术参数	SQ362	SQ364	SQ366	SQ342	SQ344
生产能力/（kg/h）	450～1400	900～2800	1000～3400	1200～2100	1900～3000
切丝宽度范围/mm	0.1～0.25			0.1～0.3	
刀辊直径/mm	680			650	
刀辊转速/（r/min）	200～550			350～600	
刀片数量/把	5	10	12	10	
刀门工作高度范围/mm	60～140			70～115	100～155
刀门宽度/mm	500			500	
生产厂家	秦皇岛烟草机械有限责任公司			昆明烟机集团二机有限公司	

2. KT 切丝机

德国 HAUNI 公司 KT 系列切丝机主要有 KT2 和 KT3 两个系列，为直刃倾斜滚刀式切丝机，国产化产品对应型号分别为 SQ221 和 SQ222，KT3 切丝机结构见图 5-4，KT2 和 KT3 外观见图 5-5。

切丝机工作原理：经过前道工序工艺处理后的烟梗，通过进料小车的输送，进入一个由上、下排链组成的空间，当料位高于低位光电管控制高度时，排链将烟叶或烟梗均匀地输送到刀门处，同时上排链产生压力对烟料实施压紧，使物料处于符合切丝要求的待切状态。刀辊电机驱动刀辊沿刀门旋转，刀辊转速和排链转速保持严格比例运行。刀辊上的刀片分别由推刀装置连续地定量进给，并由砂轮磨刀器往复刃磨，形成了一个规定直径的、刃口锋利的切削圆柱体，将从刀门连续送出的“烟饼”切成所要求宽度的梗丝，从落料斗送出，进入下道工序。

KT3 切丝机为 HAUNI 公司在 KTC 80 和 KT2 切丝机基础上进行研发改进后的升级机型，为 HAUNI 公司最新一代滚刀式切丝机产品。KT3 具有如下技术特点：

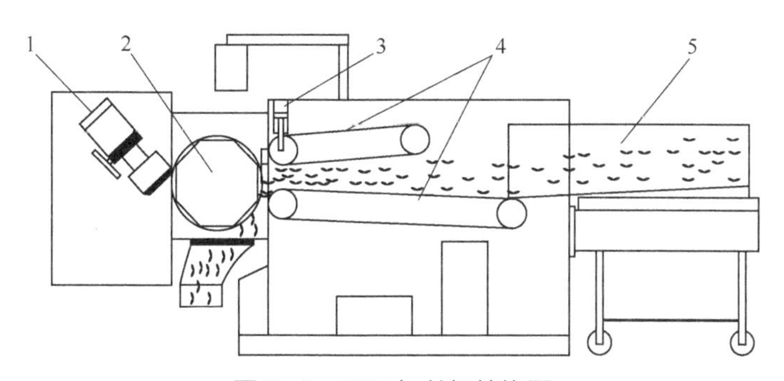

图 5-4　KT3 切丝机结构图

1—磨刀系统；2—切割系统；3—刀门油缸；4—送料系统；5—喂料系统

(a) KT2　　(b) KT3

图 5-5　KT2、KT3 外观图

一是进刀装置由伺服电机差速驱动，刀片进给在线微量可调，有效提高刀片使用寿命；二是磨刀方式为外圆磨削，其中砂轮进给与砂轮往复速度皆在线可调，切丝刀片磨削更加锋利；三是导丝条结构优化，保证整个槽体内部的光滑，降低清洁保养工作强度；四是电气控制采用伺服控制，有效保证运动位置精度和响应速度，提升切丝质量。表 5-4 为 KT3 系列主要技术参数。

表 5-4　KT3 系列主要技术参数

主要技术参数	KT3（S80）	KT3（S125）	KT3（S160）
生产能力/（kg/h）	1500	2250	3000
切丝宽度/mm	0.10～0.50		
来料含水率/%	30～40		
刀辊转速/（r/min）	150～660		
刀片数量/把	8		
振槽高度/mm	1550	1650	1750
出料高度/mm	615	660	685
装机功率/kW	34	39	47

3. SD5 切丝机

SD5 系列切丝机是意大利 Garbuio 公司推出的具有柔性加工理念的新型切丝机，是当前国内卷烟生产在用的主流切丝机之一[4]。切丝机的设计结构主要由喂料系统、机架、送料系统、刀门系统、刀辊系统、除尘系统、磨刀系统、电控系统、气动系统构成（图 5-6）。

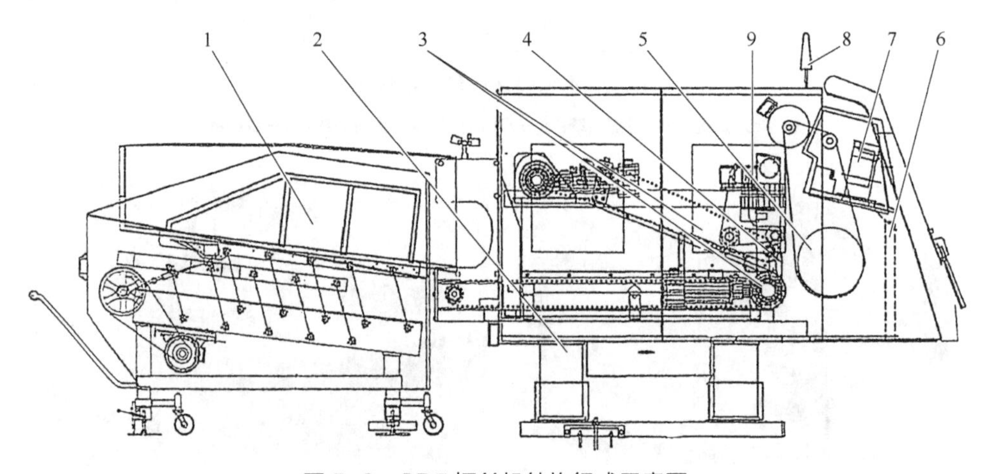

图 5-6　SD5 切丝机结构组成示意图

1—喂料系统；2—机架；3—送料系统；4—刀门系统；5—刀辊系统；6—除尘系统；7—磨刀系统；8—电控系统；9—气动系统

SD5 切丝机工作原理如图 5-7 所示，切丝机工作时，刀辊及磨刀系统位于刀辊工作位置 2，叶片（烟梗）被送入喂料系统 6，在料位检测装置 7 的控制下均匀地喂入由上铜排链组件 8、下铜排链组件 5 和两侧衬板组成的楔形料槽中，上下铜排链同步运动使物料被连续不断压紧并输送到刀门系统 9，由刀门压紧装置 10 对物料施加持续、恒定的压力，达到切丝所要求的物料密度。当物料被输送并挤压通过刀门时，安装在刀辊 11 上的刀片随着刀辊高速旋转对叶片（烟梗）进行连续切割，叶片（梗丝）通过刀辊下部的卸料槽 3、振动输送机 4 输送到后续工序。切丝的宽度由铜排链和刀辊两者的速度比确定[4]。

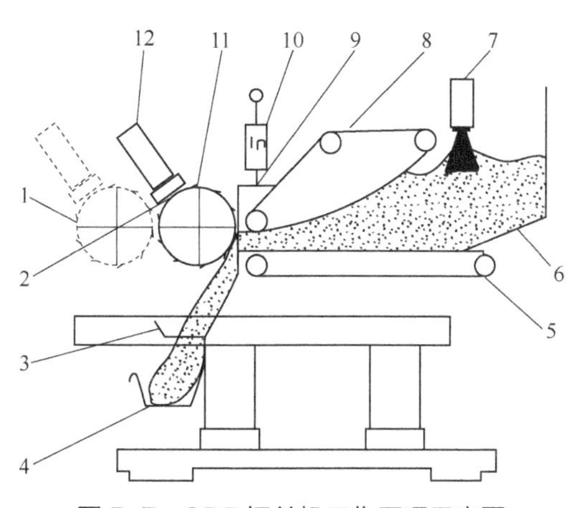

图 5-7 SD5 切丝机工作原理示意图

1—刀辊维护保养位置；2—刀辊工作位置；3—卸料槽；4—振动输送机；5—下铜排链组件；6—喂料系统；7—料位检测装置；8—上铜排链组件；9—刀门系统；10—刀门压紧装置；11—刀辊；12—磨刀系统

SD5 系列切丝机（图 5-8）采用“柔性切丝理念”，刀辊直径达 640mm，刀片

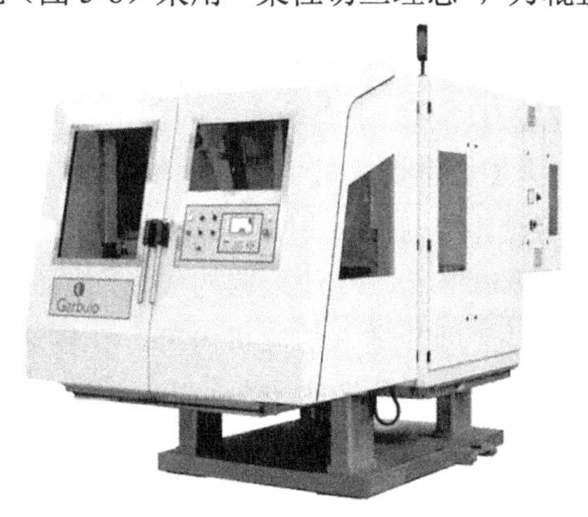

图 5-8 SD5 外观图

为 10 把，刀门高度有所降低，刀门有效宽度为 500mm，在保证切后烟丝蓬松的前提下，可对高含水率叶片进行切丝加工，扩大了切丝含水率的可调范围（切丝含水率为 18%～28%），便于满足加工“大范围”含水率叶片的要求。该设备采用气动系统，通过气缸驱动，实现间歇进刀。刀辊转速为 170～450r/min，切丝宽度为 0.10～1.20mm。SD5 系列切丝机可以在同一台切丝机上切叶丝和切梗丝，只需要调整刀门间隙和更改设备运行参数便可以实现切叶片和切烟梗的互换。SD5 系列切丝机主要技术参数见表 5-5。

表 5-5　SD5 系列切丝机主要技术参数

<table>
<tr><th>主要技术参数</th><th>SD504/SQ17</th><th>SD508/SQ18</th><th>SD512/SQ19</th></tr>
<tr><td>生产能力/（kg/h）</td><td>1000</td><td>2000</td><td>2800</td></tr>
<tr><td>切丝宽度/mm</td><td colspan="3">0.10～0.25</td></tr>
<tr><td>刀门高度/mm</td><td colspan="3">60～140</td></tr>
<tr><td>刀门宽度/mm</td><td colspan="3">500</td></tr>
<tr><td>刀辊直径/mm</td><td colspan="3">640</td></tr>
<tr><td>刀辊转速/（r/min）</td><td colspan="2">170～340</td><td>200～450</td></tr>
<tr><td>刀门压力/N</td><td colspan="3">0～65000</td></tr>
<tr><td>刀片数量/把</td><td>5</td><td colspan="2">10</td></tr>
<tr><td>装机功率/kW</td><td>35</td><td>42</td><td>53</td></tr>
</table>

4. TOBSPIN 切丝机

TOBSPIN 切丝机的设计原理是利用机械旋转做功，减少切丝机动力消耗。将其应用到烟草加工中，优势显著。一方面，机械做功过程中能够将烟叶整理铺平，从而减少切丝过程中的阻力，提高切丝的质量；另一方面，该设计方法是将传统平铺刀片转换为立体旋转刀片，以中心轴为主的切丝处理模式，可以从多个层面进行切丝，在一定程度上加大了切丝机切丝的面积[5]。

TOBSPIN 切丝机的设计结构主要由物料供给单元、压实单元、物料输送单元、刀头、磨刀装置、叶丝输出单元、冷却装置构成（图 5-9）。其中物料输送单元由物料供给单元进行供料，烟叶进入切丝机内部，在输送单元的中部，经通道碾压机实现碾压。压实单元可将传送进来的烟叶，重新进行碾压铺平，然后继续进行传输。刀盘轴线与物料输出轴线平行，刀门置于刀盘上方，使各刀片与刀门口在同一铅锤平面上。在单元结构设计的基础上，设有刀片磨刀装置，当 TOBSPIN 切丝机刀片完成一个周期处理循环，刀片就被打磨一次，因此，

TOBSPIN 切丝机的实际做功能够保障切刀的刀锋敏锐度。叶丝输出单元可将切刀切割的烟丝传输到外部冷却室内，切好的烟丝可在低温环境中，实行集中性冷却，最终将切好的烟丝输出。

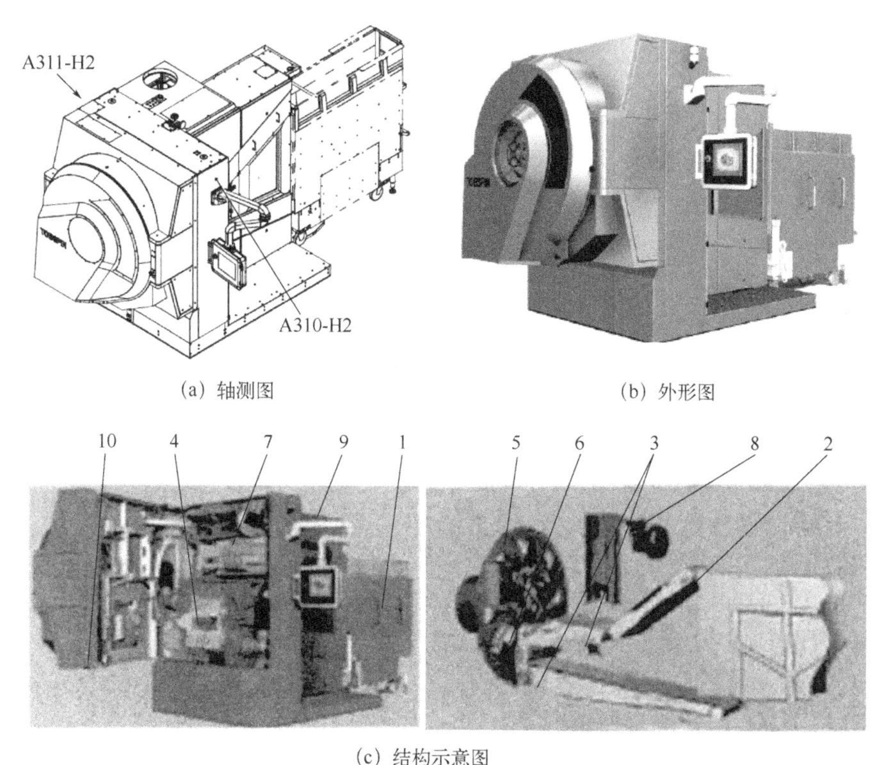

图 5-9　TOBSPIN 结构示意图

1—供料单元；2—压实器；3—上下排链；4—刀门；5—刀盘；6—刀片；7—磨刀单元；8—烟丝回收单元；9—冷却装置；10—烟草输出单元

SQ 系列切丝机是纵向线性切削（A），切丝时刀片刀锋与上、下刀门平行，为点状切削，这就造成了切刀割力很大，当遇到未压实的部位时很容易造成阻片现象。而 TOBSPIN 型切丝机是径向由点到线的切削（B），切丝时刀片刀锋与上、下刀门存在一定的角度（图 5-10）。采用这种切削为式，能够减少由于刀片的锋锐度不够在切丝时产生撕扯而造成切丝跑片现象。从实际生产运行来看，切丝跑片现象基本消除，与 SQ 切丝机相比其在此问题上具有明显优势。

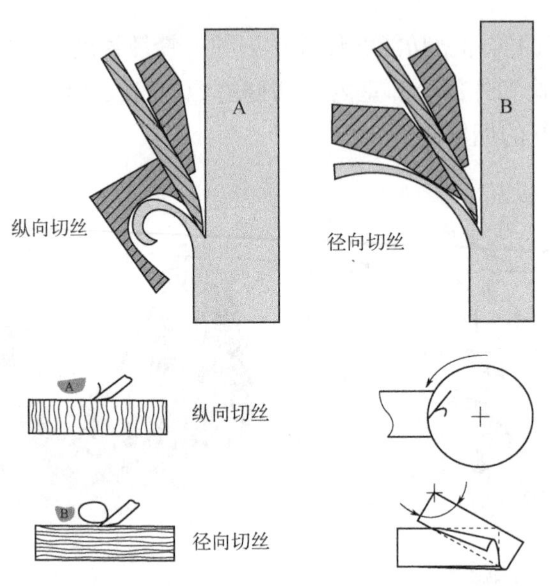

图 5-10　SQ 系列切丝机、TOBSPIN 型切丝机切削原理示意图

TOBSPIN 型切丝机外观如图 5-11 所示，主要技术参数见表 5-6。

图 5-11　TOBSPIN 型切丝机外观图

表 5-6　TOBSPIN/SQ71 主要技术参数

主要技术参数	TOBSPIN/SQ71
生产能力/（kg/h）	3000
刀门高度/mm	20～160
刀门宽度/mm	508
刀辊直径/mm	2000
刀辊转速/（r/min）	31～520

续表

主要技术参数	TOBSPIN/SQ71
刀门压力/N	0～80000
刀片数量/把	8
装机功率/kW	68

（三）切梗丝质量要求

切梗丝的质量要求主要包括三个方面：一是切后梗丝厚度均匀，保证梗丝后续膨胀干燥效果；二是梗丝松散，无粘连结块；三是切丝过程无跑梗，梗丝中无梗头、梗块。

影响切丝质量的因素有以下几个方面：一是原料烟梗尺寸结构，如烟梗原料筛分不充分，含有较多的梗头、梗块等，切丝过程容易产生跑梗，导致梗丝中梗头含量过多；二是润梗不充分，烟梗含水率不合格或贮梗时间不够，烟梗机械强度大，切丝厚度合格率低；三是切丝机性能下降，同切叶丝相比，梗丝厚度要求更薄，且烟梗的机械强度要高于烟片，因此，切梗丝机的性能应优于切叶丝机，企业要更加重视切梗丝机设备选型及维护保养。

三、梗丝加料

（一）梗丝加料的目的

加料的主要任务是将配制好的料液按照产品配方规定准确、均匀地施加到梗丝上，使梗丝的温度和含水率满足后续加工的需求，并使物料进一步得到均匀掺和。梗丝加料的作用包括：

① 调节、平衡梗丝的化学成分。如施加糖料、有机酸等，调节梗丝的酸碱性，提高感官质量，减少刺激，改善余味。

② 添加化学合成或植物提取的增香剂，提高和改善卷烟的香气，掩盖杂气。

③ 添加保润剂，增强梗丝的保湿和吸湿性能，增强韧性，改善物理性能。

④ 添加其他成分，如防霉剂、着色剂等，防止霉变及调整烟丝色泽。

（二）梗丝加料的工艺与设备

梗丝加料主要是采用滚筒式加料机，主要由机架、滚筒、出料罩、进料罩、传动装置、清扫装置、管路控制系统、热风系统、加料装置、电气系统等组成（图 5-12），工作时，物料由进料振槽送入筒体的进料端。随着筒体的旋转，物料不断被耙钉（刮板）挑起到一定高度落下，由于筒体的倾斜角度，物料能前进一段距离，如此循环反复，直到物料从出料端排出。在此过程中，经喷嘴雾化后的糖料以及热风均匀地作用到物料上，使物料的加料比例和温度达到所需的工艺要求。物料定比加料可根据物料流量变化，自动调节加料量，物料增温可根据出料温度自动调节。

加料机主要技术参数见表 5-7。

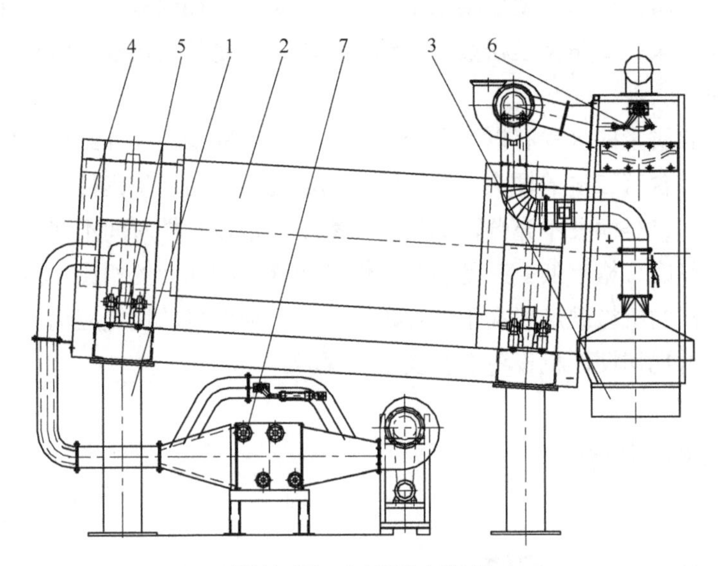

图 5-12　SJ12D 加料机

1—机架；2—滚筒；3—出料罩；4—进料罩；5—传动装置；6—清扫装置；7—热风系统

表 5-7　加料机主要技术参数表

主要技术参数		加料机型号			
		SJ11D/SJ12D	SJ13C/SJ14C	SJ15D/SJ16D	SJ17D/SJ18D
规格/mm		950×4000	1200×5000	1400×5000	1750×6000
生产能力/（kg/h）		500～1250	1250～1800	1800～2800	2800～4000
出料含水率增加率/%		（4～8）±1			
出料温度/℃		（50～65）±3			
工艺水	压力/MPa	0.3	0.3	0.3	0.3
	耗量/（kg/h）	50～100	150	250	300
清洗水	压力/MPa	0.3	0.3	0.3	0.3
	耗量/（kg/h）	800	800	800	800

续表

主要技术参数		加料机型号			
		SJ11D/SJ12D	SJ13C/SJ14C	SJ15D/SJ16D	SJ17D/SJ18D
蒸汽	压力/MPa	0.8	0.8	0.8	0.8
	耗量/（kg/h）	200	250	300	350
压缩空气	压力/MPa	0.6	0.6	0.6	0.6
	耗量/（m^3/h）	12	12	12	18
冷凝水	排量/（kg/h）	100	200	200	300
排潮	风压/Pa	900	900	900	1000
	风量/（m^3/h）	1828	3250	3405	3450
装机功率/kW		3.75	5.2	7.1	10.4
规格/mm		950×4000	1200×5000	1400×5000	1750×6000
筒体倾角/（°）		3.5	3.5	3.5	3.5
筒体转速/（r/min）		7～17	7～17	7～17	7～17
进料口尺寸（长×宽）/mm		600×200	700×250	900×300	900×350
进料口高度/mm		2340	2496	2565	2939
出料口尺寸（长×宽）/mm		1270×680	1520×740	1720×810	2100×900
出料口高度/mm		1100	1100	1200	1200
外形尺寸/mm		5138×2350×3587	6220×2600×3920	6243×2800×4095	7469×3417×5226
设备质量/kg		4955	6740	7092	13120

（三）梗丝加料的质量要求

加料后的梗丝应该满足表 5-8 所列质量要求。

表 5-8　梗丝质量要求

指标	要求
含水率/%	30.0～40.0
含水率允差/%	±1.0
温度/℃	40～70
温度允差/℃	±3.0
总体加料精度/%	≤1.0
瞬时加料比例变异系数/%	≤1.0

参考文献

[1] 陈良元．卷烟加工工艺[M]．郑州：河南科学技术出版社，1996: 138-140.

[2] 丁美宙，姚二民，李晓，等．烟梗形变工艺参数对梗丝加工质量的影响[J]．江苏农业科学，2015, 43(11): 369-371.
[3] 张娟，孙娟．制梗丝线压梗工序对卷烟感官质量的影响[J]．科技创新导报，2015, 12(31): 87-88.
[4] SD5 编写组．SD5 切丝机[M]．郑州：河南科学技术出版社，2016.
[5] 陈雪梅，王英立，文武．TOBSPIN 型切丝机加工控制原理及其主要特征[J]．技术与市场，2014, 21(2): 36-37, 39.

第六章　梗丝膨胀与干燥

一、梗丝膨胀与干燥的目的

梗丝膨胀与干燥的目的主要包括：一是脱水，将切后梗丝的含水率降低到12%左右，适合后续加工需求；二是膨胀，通过高温高湿或高压等方式，使相对致密的梗丝组织结构胀大，提高梗丝的填充性能和燃烧性；三是改善燃吸品质，通过膨胀干燥处理，去除烟梗的杂气、木质气、呛刺感等不良气息，提高梗丝的吸食品质。

二、梗丝干燥的工艺与设备

梗丝膨胀与干燥工艺主要以“高温高湿”法为主，其中梗丝增温增湿膨胀设备主要包括：隧道振槽回潮机、文丘里管式闪蒸膨胀机、旋转蒸汽喷射回潮机以及滚筒超级回潮机等。梗丝干燥设备主要包括：滚筒式烘梗丝机、隧道振槽式梗丝干燥机，以及气流式烘梗丝机等。

膨胀与干燥工艺组合选择方面，主要依据不同类型设备组合下梗丝加工的质量特性，以及卷烟品牌对梗丝的质量（梗丝形态、梗丝填充特性等）要求进行。

（一）梗丝膨胀设备

梗丝膨胀是指对切后梗丝进行增温增湿和膨胀，为下一步的梗丝干燥定型提供条件。

1．隧道振槽回潮机

以HAUNI公司隧道振槽回潮机HT-50为例，切后梗丝通过流量控制系统，经喂料振槽输送至隧道式回潮机内，梗丝在隧道回潮机内受到机械振动和饱和蒸汽经过波纹板上小孔连续不断地喷射作用，被托起而处于漂浮状态或“沸腾”状态。饱和蒸汽和梗丝充分接触，梗丝一方面不断被增温增湿，温度能够提高到85℃，含水率增加1.0%～3.0%；另一方面不断蒸发汽化，其细胞内产生的水蒸气分压高达 1kgf/cm^2（1kgf/cm^2＝98kPa），从而使梗丝细胞体积在这样一个连续反复的过程中增大。

HT-50 梗丝隧道式回潮机长度和高度分别为 4120mm、150mm，振槽倾角向下 2°，回潮机在偏心轮驱动装置的驱动下，产生低幅高频振动，从而达到输送物料的目的，根据生产能力、宽度和开孔数目有所不同，设备包括抽吸罩、上盖、流化床、振动体、传动机构、管路系统、支架。如图 6-1 所示。

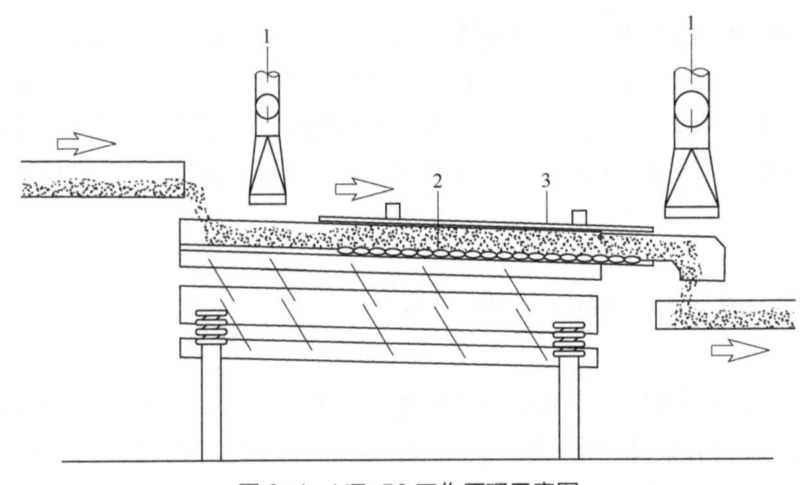

图 6-1　HT-50 工作原理示意图

1—抽吸罩；2—流化床；3—上盖

2. 文丘里管式闪蒸膨胀机

闪蒸式梗丝膨化机（STS）主要由进料罩、进料气锁、文丘里管、扩张管、分料器、出料器及控制管路等部分组成，如图 6-2 和图 6-3 所示[1]。

该设备主要由加热箱、汽室、压缩管、扩张管及分离器构成，而设置在加热箱内的气锁叶轮在主轴的带动下把梗丝带入加热腔内进行高温蒸汽加热，装在汽室上的喷嘴喷射一定压力的高温蒸汽从而对梗丝加热，这时的加热温度可达到150℃，梗丝与高温的蒸汽在混合时瞬间被加热，再被蒸汽吹至压缩管从而迅速提高梗丝细胞内水分的蒸发压力并加快梗丝的流速。当进入扩张段，由于梗丝的压力突然下降，梗丝内水分的蒸发压力大于空间的蒸汽分压，使梗丝的水分瞬间闪蒸出来，造成梗丝微细胞的破裂，从而使梗丝体积进一步增大，获得较好的膨胀效果。梗丝的填充值达到 5～6cm^3/g，改善了卷烟的燃烧性能，卷烟的内在品质大大提高。该膨胀设备不但结构简单便于维修保养，而且主要零部件的加工制作方便，制造精度要求不高，可大大降低该设备的生产制造成本。另外由于该设

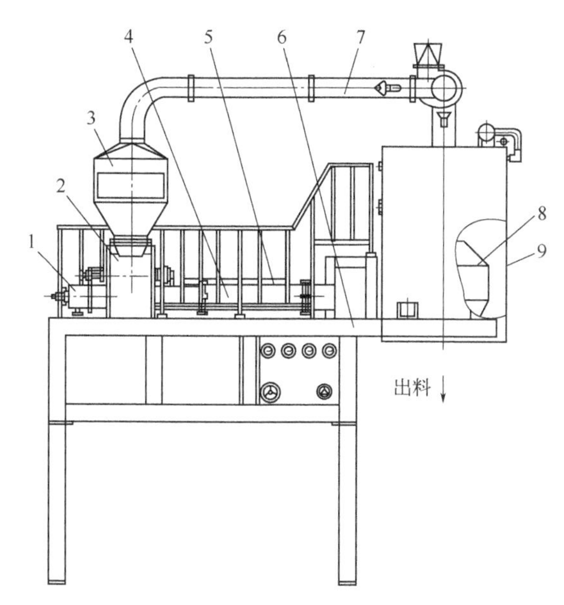

图 6-2 闪蒸式梗丝膨化机（STS）结构图

1—气室；2—进料气锁；3—进料罩；4—文丘里管；5—扩张管；6—机架；7—排潮气道；8—分料器；9—出料罩

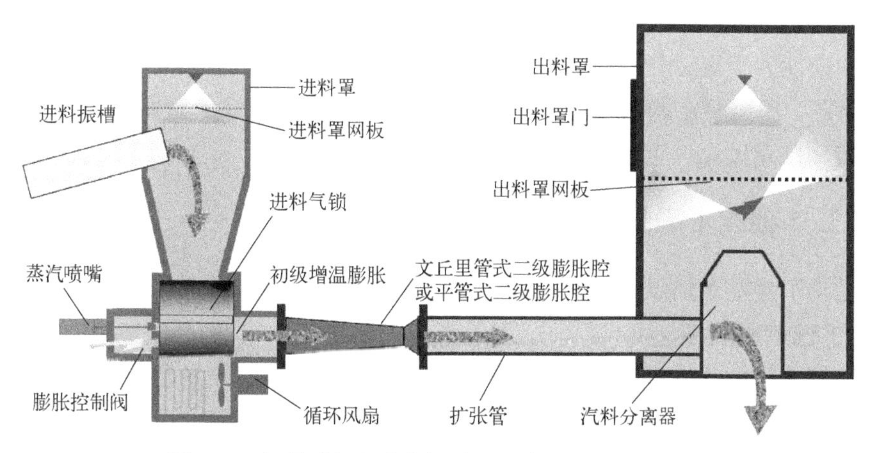

图 6-3 闪蒸式梗丝膨化机（STS）工作原理示意图

备可独立设置，梗丝膨化处理后的湿气可直接排除，不会影响梗丝的干燥效果，可达到标定的生产能力。而且该种膨化设备占地面积较小、投资小且工作压力要求低，布置较为灵活方便，非常适合于现有烟厂生产线进行局部改造或分段实施。SH8 闪蒸膨化装置技术参数见表 6-1。

表 6-1　SH8 闪蒸膨化装置技术参数

技术参数	SH82	SH83	SH84	SH85	SH86
生产线/（kg/h）	1500～3000	5000	6000	7000	8000
额定生产能力（含水率 12%）/（kg/h）	750	1250	1500	1750	2000
来料含水率/%	34～36				
来料温度/℃	30～60				
出料含水率/%	（36～38）±1				
出料温度/℃	＞80				
膨化后填充值（新标准）/（cm^3/g）	≥6.5				
压缩空气耗量/（L/min）	1.5				
饱和蒸汽耗量/（kg/h）	600	650	750	950	1100
装机功率/kW	3.7	3.7	3.7	4.5	5.2

3. 旋转蒸汽喷射回潮机

以 HAUNI 公司旋转蒸汽喷射回潮机 SIROX 为例，切后梗丝通过流量控制系统，经喂料振槽输送至回潮机进料气锁上方，梗丝通过进料管和一个星形落料器进入膨胀单元（WINNOWER）。膨胀单元是 SIROX 的核心部件，由壳体、空心轴、清洗轨、旋转接头等组成。其中膨胀单元轴为中空的，空心轴上装有耙钉，耙钉由不锈钢管制成，在其径向和周向开有小孔，小孔直径 1.3mm，小孔的数量根据生产能力确定。一定压力的饱和蒸汽穿过中空轴进入小孔喷射，对梗丝进行增温膨胀。回潮机结构主要由机架平台、进料罩、旋转气锁、膨胀单元、出料罩、排潮罩、排潮风管、管控柜组成，如图 6-4 所示。

（二）梗丝干燥设备

梗丝干燥是对增温增湿膨胀后梗丝进行脱水干燥定型。

1. 滚筒式烘梗丝机

滚筒式烘梗丝机可以与以上不同类型的增温增湿膨胀设备配合使用，经增温增湿膨胀后的梗丝均匀连续地进入旋转的倾斜筒体，饱和蒸汽通过滚筒旋转接头进入筒体内壁和炒料板传输热量，同时，在筒体内部通有干燥的热风，炒料板随着筒体不停旋转，梗丝在炒料板和重力以及热风作用下向出料端运行。在热能的作用下，滚筒对梗丝进行均匀加热、干燥，得到含水率、温度均匀稳定的梗丝，以满足工艺要求。

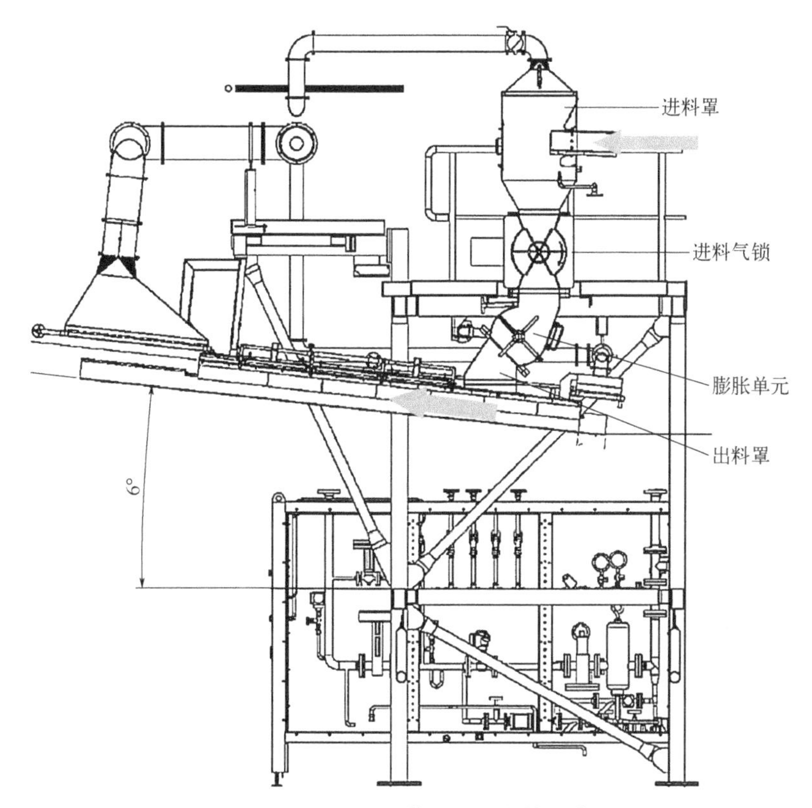

图 6-4　SIROX 工作原理及结构示意图

以 HAUNI 公司 KLD-1 滚筒烘梗丝机为例，该烘丝机的结构特点是其蒸汽抄板采用两张 1.5mm 厚薄钢板激光焊接后起鼓成形，多张抄板固定在外层筒体内部的轨道上，组成起烘干作用的内筒。其主要结构包括机架、筒体、传动装置、前室、后室、蒸汽管路系统、热风系统、冷凝系统、排潮与除尘装置、控制系统等组成。见图 6-5。

滚筒式烘丝机根据其加热板的结构可以分为薄板式烘丝机和管板式烘丝机。薄板式烘丝机（图 6-6～图 6-8）结构相对简单、受热面积大、传热效率高、热量分布均匀，应用较为广泛。薄板烘丝机内腔薄板式热交换器是为烘丝机提供热源的核心装置，薄板热交换装置由多片弧形热交换板固定在滚筒外壁上，每块弧形热交换板上布满进气通道和排气通道，工作时，蒸汽由各自的进气通道进入，由排气通道排出，和物料完成热交换。薄板烘丝机性能参数见表 6-2。

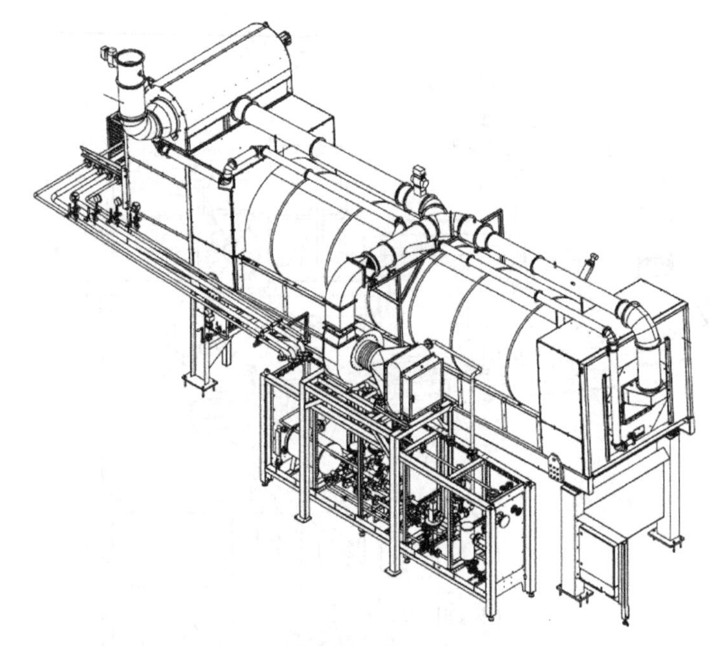

图 6-5　滚筒烘丝机的结构组成

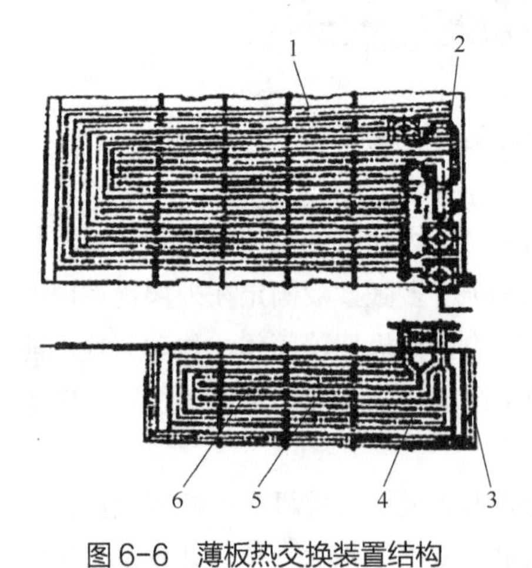

图 6-6　薄板热交换装置结构

1—弧状热交换板；2—排气弯管；3—弧状管排气管；4—排气管；5—弧状板进气管；6—辐射板进气管

图 6-7　薄板换热装置外观图（单片）

图 6-8　薄板换热器在滚筒内分布状态

表 6-2　薄板烘丝机性能参数

参数	SH661S
生产能力/（kg/h）	4700～5500（叶丝）；1900～2300（梗丝）
出料含水率/%	（11～14）±0.5
出料温度/℃	（55～65）±3
填充值/（cm^3/g）	叶丝≥4.0；梗丝≥6.5
规格/mm	ϕ1900×9000
筒体倾角/（°）	1～5
筒体转速/（r/min）	11
进料口尺寸（长×宽）/mm	1037×260（叶丝）；837×265（梗丝）
进料口高度/mm	3462（叶丝 4°）；3421（梗丝 2°）
出料口尺寸（长×宽）/mm	1100×700
出料口高度/mm	1484（叶丝 4°）；1766（梗丝 2°）
外形尺寸/mm	12395×3877×6915（叶丝）；12395×3873×6884（梗丝）
设备质量/kg	21500

管板式烘丝机的主体结构和薄板式烘丝机类似，主要区别是内壁加热器的形式，管板式烘丝机的内壁加热器是由多个半圆形管焊接在内壁上组成的，蒸汽进入半圆管内进行加热（图 6-9～图 6-10）。

管板式烘丝机性能参数见表 6-3。

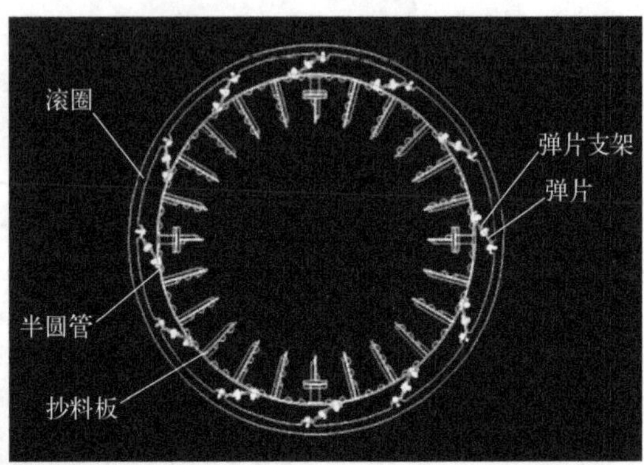

图 6-9　管板加热器分布方式

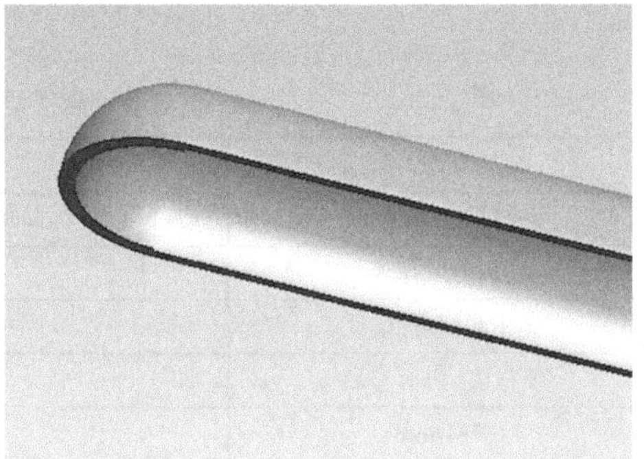

图 6-10　管板换热器结构

表 6-3　管板式烘丝机性能参数

参数	滚筒管板式烘丝机型号		
	SH35D	SH35F	SH38
规格/mm	ϕ1400×8500	ϕ1800×10000	ϕ2200×10000
生产能力/（kg/h）	900～1100	1250～1700	1900～2200
出料含水率/%	（11～14）±0.5		
出料温度/℃	（55～65）±3		
填充值/（cm^3/g）	≥6.5		
筒体倾角/（°）	2.5	2.5	2.5
筒体转速/（r/min）	7～17	7～17	7～17

续表

参数	滚筒管板式烘丝机型号		
	SH35D	SH35F	SH38
进料口尺寸（长×宽）/mm	900×250	1000×350	1100×280
进料口高度/mm	2581	3105	3480
出料口尺寸（长×宽）/mm	650×1720	2660×735	1905×840
出料口高度/mm	1094	1084	1200
外形尺寸/mm	10149×2079×4855	11894×3318×5637	12071×3853×6525
设备质量/kg	12626	23284	36060

2. 塔式干燥

梗丝膨化塔由于采用了文丘里管喷射技术，使得梗丝的膨化效果上了一个新的台阶，并因此在“七五”及“八五”期间被广泛推广，其基本过程是切后梗丝先经过超级回潮筒进行增温增湿，然后由蒸汽喷射装置进行膨胀，最后进入干燥塔进行脱水干燥，干燥后的梗丝经过切向分离器进行气固分离后完成梗丝的膨胀与干燥[2]。梗丝膨化塔干燥工艺流程见图 6-11。

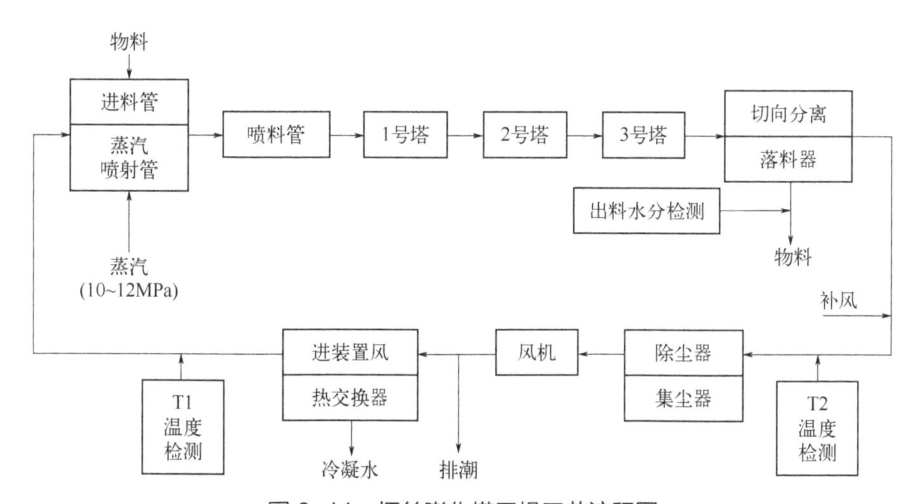

图 6-11　梗丝膨化塔干燥工艺流程图

梗丝塔式膨胀系统由蒸汽喷射装置、三个膨胀干燥塔、切向分离器、落料器、除尘器和热循环系统等部分组成，如图 6-12 所示，其外观见图 6-13。

切后梗丝先经过超级回潮筒进行加温加湿，使其含水率达到 40%左右，温度达到 70℃左右，在这种高温高湿状态下，梗丝细胞充分膨胀，体积增大，这一条件对于膨化效果是很重要的。

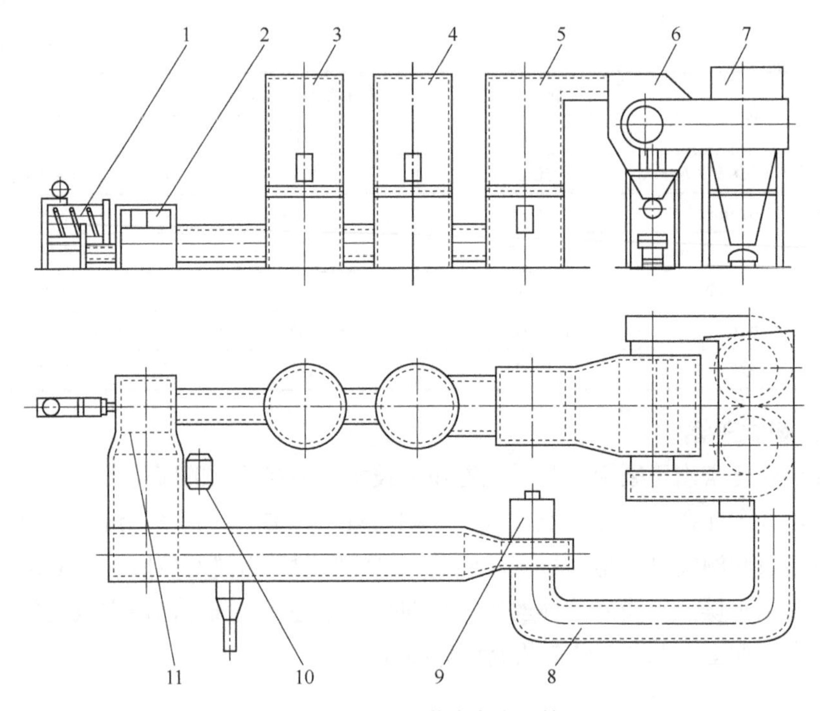

图 6-12　梗丝塔式膨胀系统

1—喂料振送机；2—蒸汽喷射进料装置；3—1 号塔；4—2 号塔；5—3 号塔；6—切向分离器；7—旋风除尘器；8—风机；9—管道系统；10—贮水箱；11—热交换器

图 6-13　梗丝塔式膨胀系统外观图

随后高温高湿的梗丝由密封的振动输送机送入蒸汽喷射进料装置内部。蒸汽喷射装置的核心部件是文丘里管，其结构见图 6-14，文丘里管主要由收缩段、喉管和扩散段三部分组成。

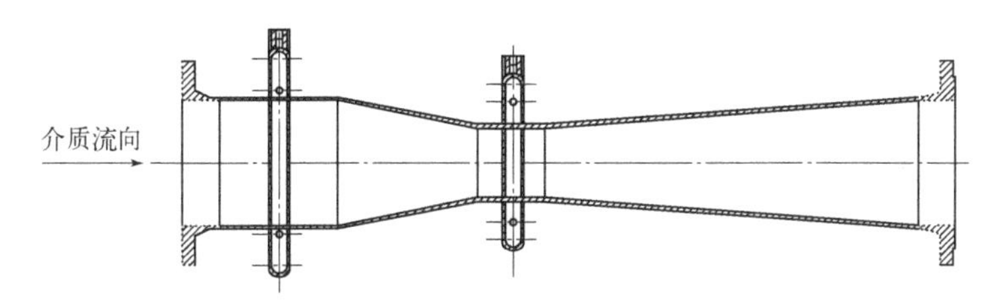

图 6-14　文丘里管结构

在蒸汽喷射进料装置（图 6-15）的文丘里管内通过的有三种物质：第一种物质是由振动输送机送入的高温高湿梗丝；第二种是由蒸汽喷嘴以 120m/s 速度喷出的蒸汽，其作用是在梗丝入口处形成一个负压以便于梗丝的进入和给梗丝加热；第三种是由加热器送过来的热风，温度是 170℃，其作用是帮助梗丝进入并对梗丝进行加热。从加热器出来的热风成三路进入蒸汽喷射进料装置，一路经过文丘里管，另外两路经过文丘里管外的两层夹套，形成两股旋向相反的热空气流。

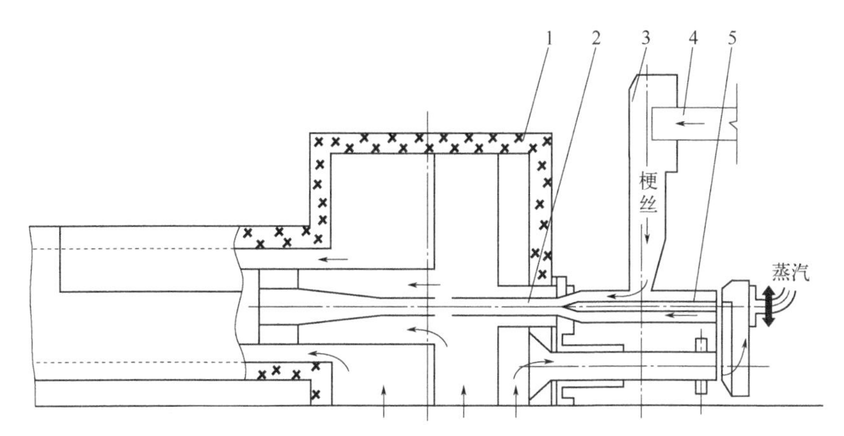

图 6-15　蒸汽喷射进料装置

1—箱体；2—文丘里管；3—进料罩；4—振槽；5—引射喷嘴

高温高湿的梗丝进入进料管后，在湿热气流的作用下进入喷料管的收缩段，然后被压力达 0.6～0.7MPa、喷射速度达 135～170m/s 喷射蒸汽迅速送至文丘里管的喉管部位，并在喉管部位形成高温高压区，当压力继续增大后，梗丝通过喉管部位，并迅速释放压力，使梗丝中的水分急剧蒸发，从而达到梗丝膨胀的目的。

膨化干燥塔由三个立式塔组成，其中前两个塔是圆柱形的，进料口是圆形管，第三个塔是方形的，进料口是方形管。三个塔组成及物料、气流流向见图 6-16。

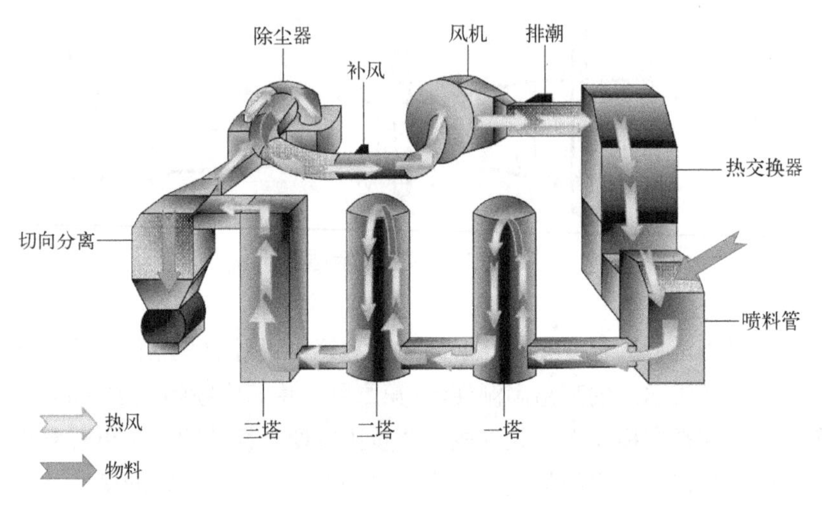

图 6-16　膨化塔结构及气料流向

一塔和二塔结构基本相同，唯一不同的是一塔进口管的弯曲部位多了一个冷却夹套，其作用限制弯曲管的温度，避免温度过高时在此处积垢结焦，冷却夹套排出的水温不超过 70℃，水压不超过 0.3MPa（受冷却装置结构限制），通过调节手动进水阀，可以使温度控制在合适范围内。一塔和二塔之所以设计成圆柱形，是因为进口管截面是圆形的，这方便梗丝进入塔内充分散开。塔体的截面积是进口管面积的五倍多，且塔体在进口管上方还有近 3m 的高度，这就为梗丝充分松散与热风气流充分接触梗丝提供了条件，便于梗丝快速吸收热量，使梗丝组织内水分迅速汽化，迫使梗丝疏松膨胀。在二塔的出口段装有一个喷水嘴，其作用是在塔体预热阶段，当风机吸风管温度达到 135℃时开始喷水，使循环热气流的水分含量增大，直至达到饱和状态，为控制出料梗丝的含水率做好准备。当梗丝快要到达膨胀设备中的密封槽时，喷水嘴停止喷水，喷水量通过手动调节阀调节。三塔主要是起缓冲作用，使膨胀的梗丝进入汽料分离前有一个缓冲空间，如果梗丝在第一塔内膨胀效果已经达到，那么其余两个塔的主要作用就是对梗丝进行干燥处理。

梗丝干燥的过程是：经过工艺蒸汽和文丘里管在线膨胀后的梗丝由闪蒸出料气锁排出后进入膨化塔热风管道，在热风的裹挟作用下依次经过一塔、二塔和三塔，从三塔出来的梗丝进入切向分离落料器，实现梗丝与热风分离，梗丝经落料器排出热风管路落到输送振槽上。热风经旋风除尘器除尘后，其中夹杂的粉尘因惯性沿旋风除尘器内壁落入下面的集尘箱，净化后的工艺风和补风口补入的新鲜空气由主风机送入加热器，加热后回到系统内循环使用，主风机和加热器之间的风管道中设有排潮口，一部分湿空气由此排出，从而使系统内循环的空气总量不变并保持在要求的温湿度范围内。膨化塔通过对梗丝快速脱水、烘干、定型，提高了梗丝的吸味品质和填充值[2]。表 6-4 为主要型号梗丝膨化塔的性能参数。

表 6-4　梗丝膨化塔工艺及设备性能参数

参数	SH71 SH72	SH73 SH74	SH75 SH76	SH77 SH78	SH711 SH712
生产能力/（kg/h）	300～375	600～750	800～1000	1000～1250	1250～1500
适用生产线/（kg/h）	1500	3000	4000	5000	6000
进料含水率/%	36～40	36～40	36～40	36～40	36～40
进料温度/℃	＞35	＞35	＞35	＞35	＞35
出料含水率/%	12～14（工艺确定）允差±0.5				
出料温度/℃	≤65	≤65	≤65	≤65	≤65
膨胀率/%	40～60	40～60	40～60	40～60	40～60
整丝率（＞3mm）/%	＞70	＞70	＞70	＞70	＞70
蒸汽耗量/（kg/h）	1500	1500	1700	2000	2450
气耗量/（L/h）	150	150	150	150	150
水耗量/（kg/h）	约 600	约 600	约 600	约 600	约 600
总功率/kW	95	95	166.5	166.5	256.5
供水压力/MPa	0.2～0.3	0.2～0.3	0.2～0.3	0.2～0.3	0.2～0.3
工作点蒸汽压力/MPa	1.2	1.2	1.2	1.2	1.2
供气压力/MPa	0.6～0.8	0.6～0.8	0.6～0.8	0.6～0.8	0.6～0.8

3. 隧道振槽式梗丝干燥机

隧道振槽式梗丝干燥机可以与前文所述不同类型的增温增湿膨胀设备配合使用。

隧道振槽式梗丝干燥机主要是利用对流热干燥原理，干燥过程中，以加热后的空气为介质对梗丝进行加热，空气既是热载体，又是湿载体。

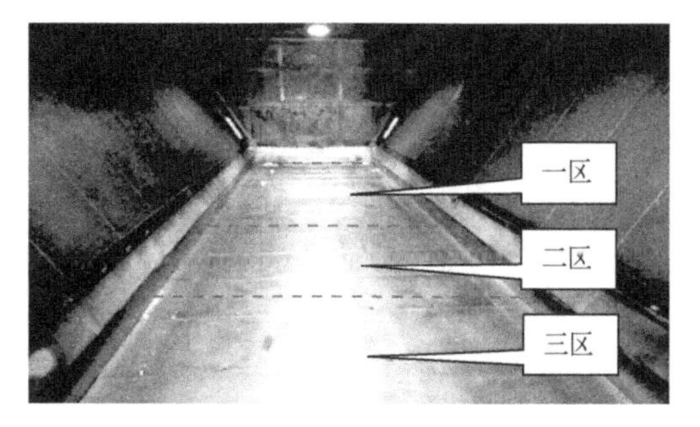

图 6-17　流化床面三区分布

经增温增湿膨胀后的梗丝均匀连续地进入干燥机底部的振动流化床（图 6-17），流化床出料端倾斜，在振动电机的激振下，物料向出料端运动。流化床有两至三个热风干燥区，热风从底部通过流化床面小孔喷出吹向流化床上输送的梗丝，梗丝主要受两个力的作用，即槽体的颠簸作用和热风的涡流作用，使梗丝在半沸腾状态向出料端运动，梗丝和热空气之间不断进行热质交换，热空气和梗丝交换后的含湿空气由流化床顶部排出。

流化床面的三个干燥区功能：结合工艺任务和控制逻辑，一般情况下进料端的一区功能主要是对梗丝进行快速脱水干燥；二区功能是对梗丝进行含水率调节，通过调节干燥温度使梗丝的含水率达到设定值；三区功能主要是平衡梗丝含水率，较低的工作温度保证梗丝的含水率均匀。流化床断面工艺示意如图 6-18 所示。隧道式梗丝干燥机性能参数见表 6-5。

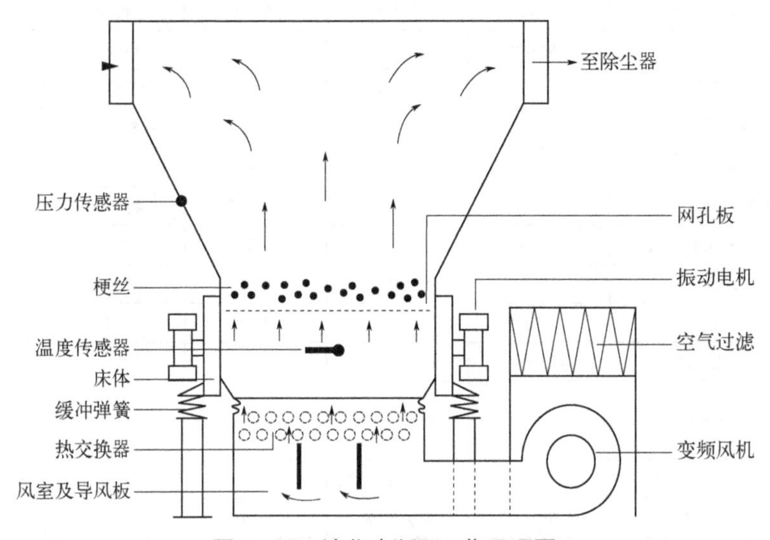

图 6-18　流化床断面工作原理图

表 6-5　隧道式梗丝干燥机性能参数

参数	SH882	SH883	SH884	SH885	SH886
额定生产能力（含水率 12%）/（kg/h）	750	1250	1500	1750	2000
来料含水率/%	36～38				
来料温度/℃	80～85				
出料含水率/%	12～14				
出料温度/℃	40～45				
膨化后填充值/（cm^3/g）	≥6.5				
饱和蒸汽耗量/（kg/h）	800	1000	1200	1500	1800
压缩空气耗量/（L/min）	200	250	250	300	300
装机功率/kW	25	25	34	39	47
排潮除尘风量（70℃左右）/（m^3/h）	28000	35000	38000	40000	42000

4. 气流干燥

(1) SH9 气流干燥

SH9 系列气流干燥设备是德国 HAUNI 公司 HTD（过热蒸汽干燥机）开发的新型气流干燥设备，它利用气流干燥原理来加工烟丝，将来料含水率 22%的叶丝或 34%～40%的梗丝加工成含水率满足工艺要求的成品烟丝。SH912 型燃油（气）管道烘丝机外观如图 6-19 所示。

图 6-19 SH912 型燃油（气）管道烘丝机外观图

SH9 气流干燥机主要由进料气锁、膨胀单元、干燥装置、分离装置、回风管道、循环风机、燃烧炉、混合箱、支架、电控以及汽、气、水管路系统等组成，如图 6-20 所示。

梗丝由入口振槽送入入口端进料罩，在下落过程中经过进料气锁的翻转后，与快速旋转的膨胀单元的空心耙钉喷射出的蒸汽充分接触，达到良好的增温增湿作用。增温增湿后的梗丝继续下落时，被经燃烧炉加热后、与一定的蒸汽混合形成的高温工艺气体吹入工艺通道，在工艺通道中进行高强度对流传热。在 150～250℃高温工艺气体的作用下，梗丝细胞内快速建立起来的蒸气压远大于通过细胞壁的渗透压，水分子以近乎爆炸的形式从梗丝细胞内蒸发出来，在 1～2s 的时间里快速脱水膨胀定型，获得较高的填充值。冲出工艺通道进入旋风落料器的烟丝和工艺气体进行分离，烟丝沿旋风落料器的锥形筒壁回旋落下，工艺气体则通过气体回收管道再次进入燃烧炉循环使用。

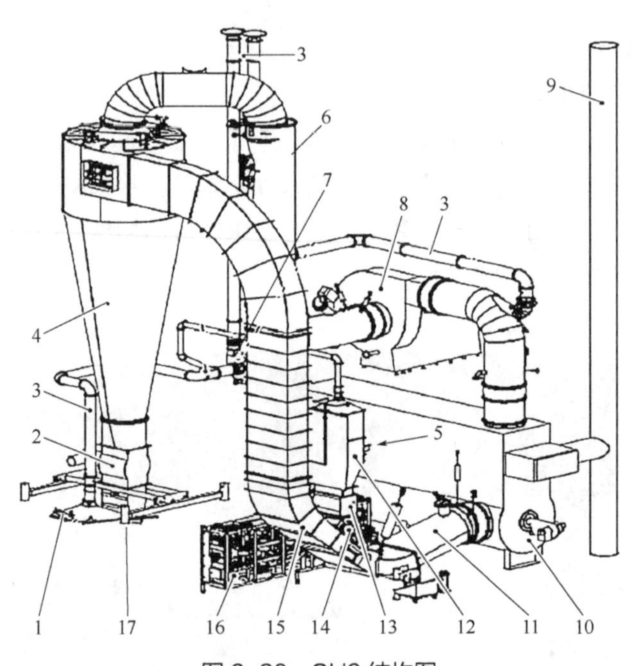

图 6-20　SH9 结构图

1—排气罩；2—排料气闸；3—废汽管路；4—分离装置；5—烟丝喂料；6—回流管路；7—废气风机；
8—循环风机；9—烟道；10—燃烧炉；11—加速弯头；12—料槽；13—进料气锁；
14—膨胀单元；15—干燥管道；16—管控柜；17—烟丝排放

超级回潮后的梗丝先在水平管道上经过进料气锁密闭均匀进料，然后物料经过松散加速器装置，使梗丝完全、均匀地分散在干燥管道的气流中，避免了梗丝结团现象。干燥膨胀管道垂直干燥管区域是一个矩形通道，在通道上部有两组用于灭火和清洗的喷嘴，当梗丝经过 30° 的通道，进入垂直的文丘里管中间时，由于文丘里管的结构（喉部区域），气流得以加速，使物料得以顺利通过，顶部弯曲的区域有三组用于清洗的喷嘴。扁椭圆形结构设计，避免圆形管道出现的物料分布不均（结绳现象）；同时避免矩形管道出现的气流在边角处分布不均（产生涡流）、物料截留在角落上，此结构利于物料均匀分布在工艺气体中，受热状态一致，从而改善干燥膨胀效果。SH9 管路示意见图 6-21。

膨胀干燥后的梗丝进入旋风分离器，旋风分离器是利用离心沉降原理从气流中分离出颗粒的设备，上部为圆筒形，下部为圆锥形；含尘气体从圆筒上侧的矩形进气管以切线方向进入，以此来获得器内的旋转运动。气体在器内按螺旋形路线向器底旋转，到达底部后折而向上，成为内层的上旋的气流，称为气芯，然后从顶部的中央排气管排出。气体中所夹带的尘粒在随气流旋转的过程中，由于密度较大，受离心力的作用逐渐沉降到器壁，碰到器壁后落下，滑向出灰口。SH9工作原理见图6-22，工艺及设备性能参数见表6-6。

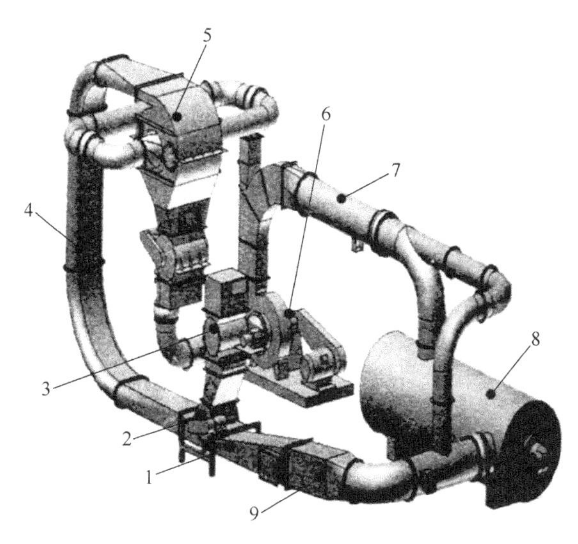

图6-21 SH9管路示意图

1—进料文丘里管；2—松散加速器；3—进料气锁；4—膨胀管路；5—分离器；6—主工艺风机；7—回风管路；8—燃烧炉；9—升温管路

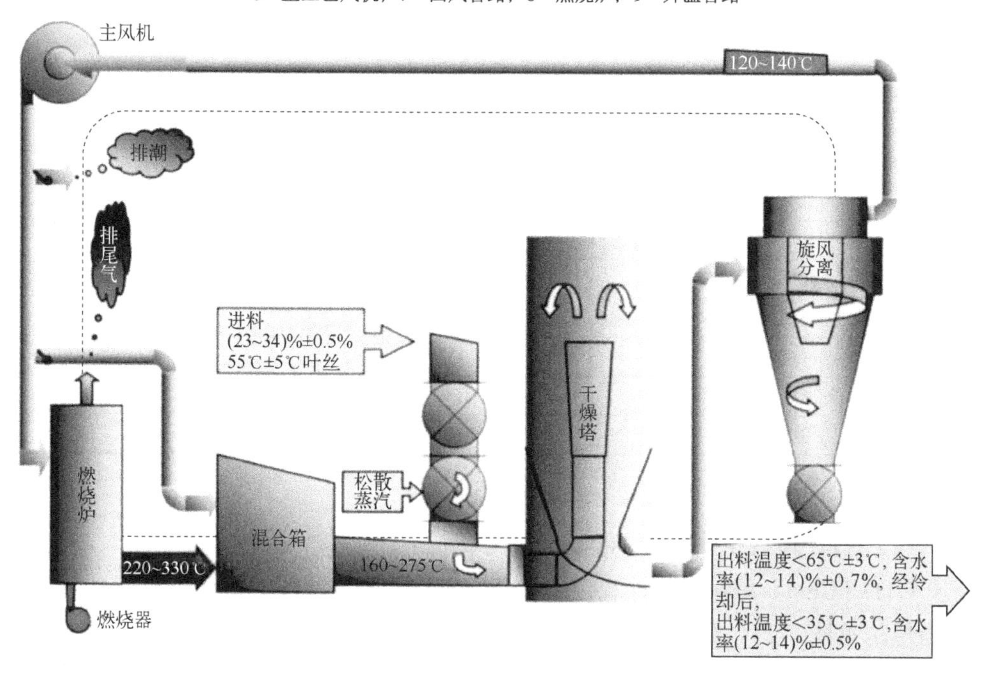

图6-22 SH9工作原理图

表 6-6　SH9 工艺及设备性能参数

参数		SH984	SH987
生产能力/（kg/h）		2200～2700	3800～4200
出料含水率/%		（11.5～14.5）±0.5	
出料温度/℃		≤80±3	
填充值/（cm^3/g）		≥6.5	
工艺水	压力/MPa	0.3	—
	耗量/（kg/h）	600	—
清洗水	压力/MPa	0.3	0.3
	耗量/（kg/次）	1500	1800
蒸汽	压力/MPa	0.8	0.8
	耗量/（kg/h）	1500	2000
压缩空气	压力/MPa	0.6	0.6
	耗量/（m^3/h）	1.7	2.1
冷凝水	压力/MPa	0.1	0.1
	排量/（kg/h）	120	150
燃烧炉烟气	温度/℃	385	385
	排量/（m^3/h）	3000	5500
排潮	温度/℃	180	180
	风量/（m^3/h）	10000	15000
天然气	压力/mbar①	70～90	70～90
	耗量/（m^3/h）	220	300
柴油	耗量/kg/h	190	240
装机功率/kW		152.99	459.74
进料口尺寸（长×宽）/mm		1080×300	380×800
进料口高度/mm		4600	3330
出料口尺寸（长×宽）/mm		1250×300，2 个	1266×306，2 个
出料口高度/mm		1446	1000
外形尺寸/mm		21234×10527×16728	18512×14832×16597
设备质量/kg		56000	63654

① 1bar=10^5Pa。

（2）CTD 塔式干燥

CTD（Comas tower dryer）是意大利 COMAS 公司开发的塔式气流干燥设备，设备结构见图 6-23。设备主要由进料系统、膨化单元、塔式干燥机、气固分离器、热源发生器等部分组成。

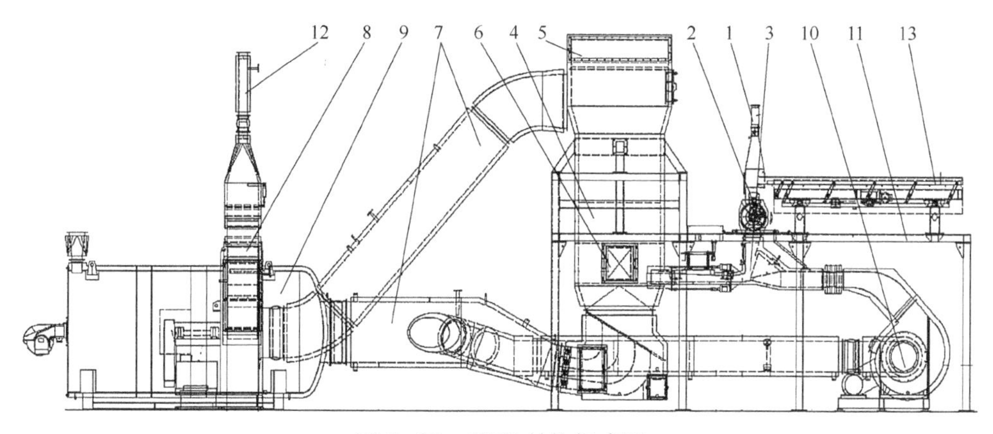

图 6-23　CTD 结构组成图

1—进料斗；2—进料气闸；3—膨化单元；4—塔式干燥机；5—气体/烟草分离器；6—卸料气闸；
7—再循环管；8—离心风机（分离器吸料端/热发生器进料端）；9—BABCOCK 热发生器；
10—离心风机（膨化单元进料端）；11—平台；12—卸料管/蒸汽排气管；13—蒸汽隧道

图 6-24 为 CTD 干燥系统的气流运行图。当设备启动后，首先两台风机和分离器开始运转。当管道和塔式干燥机内的空气流量稳定时，热发生器开始工作。回路内的空气达到预定温度时，蒸汽会由热发生器上游的喷嘴喷出；蒸汽与空气混合形成工艺气。工艺气（空气+蒸汽）所含氧气必须达到预定值；通过再循环风机附近的排气系统排出剩余氧气来达到氧气预定值。

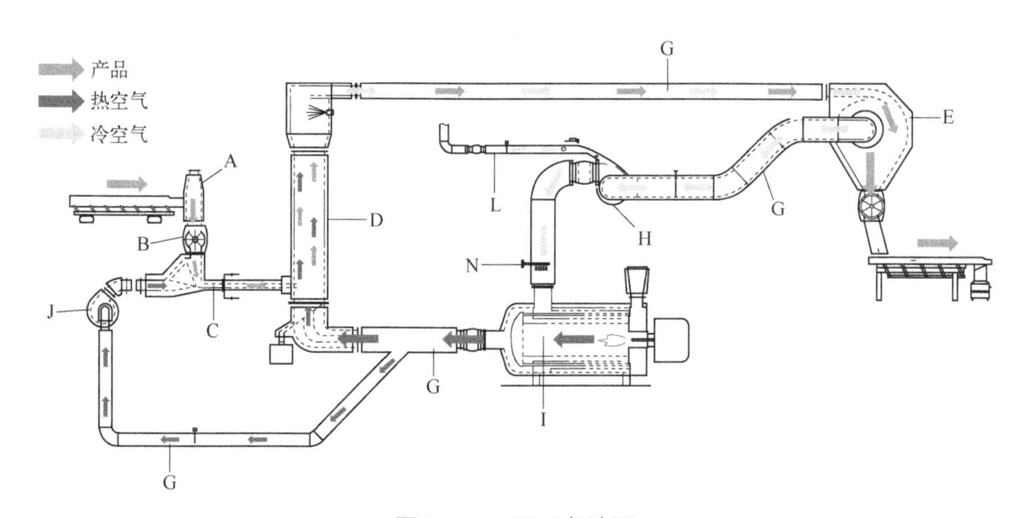

图 6-24　CTD 气流图

A—卸料管/蒸汽排气管；B—进料气闸；C—文丘里管；D—干燥管；E—旋风分离器；
G—气流管道；H—排气风机；I—燃烧器；J—循环风机

然后，塔式烘丝机准备进入工作状态。待处理的烟草通过进料斗喂至气闸，从而推动文丘里管内的烟草。文丘里管接到需要加工的烟草，通过一股热气推动塔式干燥机内的烟草。离心风机吸入与热发生器连接的导管排出的空气，从而产生热气。烟草位于塔式干燥机中时，热气将烟草输送到塔式干燥机的上部，上部装有空气/烟草分离器。此处，烟草和空气得到分离，离心风机通过再循环管吸入空气。空气冷却后，离心风机将空气输回热发生器。

从本质上来说，该系统为强制风闭路。分离器吸入冷气且送至热发生器；热发生器重新对空气加热，使其通过塔式干燥机底部的两条管道；部分空气被风机吸收，送至文丘里管，然后与塔式干燥机内的空气混合。烟草位于塔式干燥机中时，混合气释放适量水分，水分同热气接触形成蒸汽。蒸汽与文丘里管产生的蒸汽混合生成过剩蒸汽。为避免出现回路过压，塔式干燥机吸气风机配有蒸汽排气系统，这样，回路内部压力能保持恒量，工艺气所含氧气保持正确值。膨化后的烟草达到所需的水分含量后，经过分离器和卸料气闸，然后输送到塔式干燥机外部。

（3）SH23 低速气流干燥

20 世纪 90 年代末，气流干燥已经成功应用于叶丝的干燥，并取得了较为良好的效果。梗丝气流干燥设备也开始在梗处理线上得到应用。气流干燥普遍存在干燥路径长，热交换不充分，能耗大，干燥梗丝造碎大，水分均衡性差，设备高度高等缺点。针对梗丝气流干燥设备普遍存在的问题，通过对气流干燥技术的深入研究，确定了利用悬浮气流干燥技术的梗丝气流干燥方案，使梗丝膨胀和梗丝干燥工序设备相对独立，干燥单元采取短管加倒锥管的形式，以实现梗丝的低速悬浮干燥。该设备具有梗丝干燥路径短，热风循环动能小，干燥梗丝含水率均匀，造碎小的优点。

SH23A 型梗丝低速气流干燥机主要由进料气锁、进料管道、干燥管、气料分离装置、旋风除尘器、回风管道、循环风机、排潮及冷热风分配管道、热风炉、冷热风混合箱、蒸汽加湿、检修平台、电控柜以及水、气、汽管路系统等组成。

循环风机出口处对接排潮管及冷热风分配管道，经过排潮后的风，一部分进入热风炉进行加热，另一部分通过旁风管直接进入混合箱；在混合箱里，经过热风炉加热的风和直接通过旁风管进来的风进行充分混合后进入进料管道，同时，湿物料经过进料气锁落入进料管道，在热风的带动下，进入干燥管；干燥后，物料和热风一起进入气料分离装置，物料通过出料气锁排出，热风进入旋风除尘器；除尘后的热风通过回风管回到循环风机，构成一个循环系统，见图 6-25。

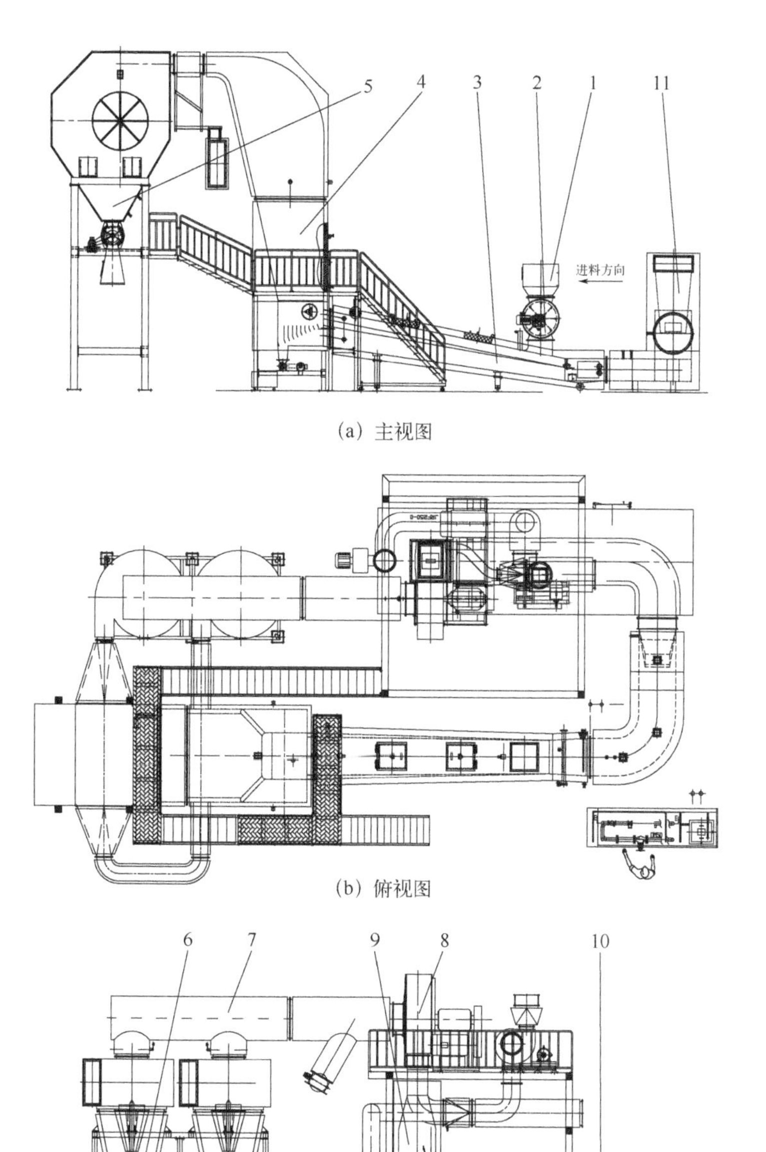

图 6-25　SH23 梗丝低速气流干燥机结构

1—进料罩；2—进料气锁；3—进料管道；4—干燥管；5—气料分离装置；6—旋风除尘器；7—回风管道；8—循环风机；9—排潮及冷热风分配管道；10—热风炉；11—冷热风混合箱

梗丝膨胀系统由进料气锁、文丘里管和切向分离落料器组成，如图 6-26 所示。梗丝经超级回潮机充分加温加湿后（含水率为 35%～38%），由进料振槽均匀地送入进料气锁、经气锁落下的梗丝由饱和蒸汽吹过文丘里管，蒸汽由文丘里管后端的蒸汽腔体引入。梗丝与蒸汽进行充分迅速热交换，梗丝快速脱水并通过文丘里管实现梗丝膨化。膨化后的梗丝通过切向分离落料器将蒸汽分离出来，由排潮风机排走，降低了后续梗丝干燥系统内部的干燥介质湿度，提高了干燥效率。膨化梗丝进入 SH23 梗丝低速气流干燥系统的进料系统。梗丝膨胀系统采用切向分离落料器实施梗丝和蒸汽的分离，提高了气料分离的效率，减少了梗丝的黏壁，同时，降低了设备高度，切向分离落料器出口与进料系统的进口直接相连，使设备整体更为简洁、紧凑。

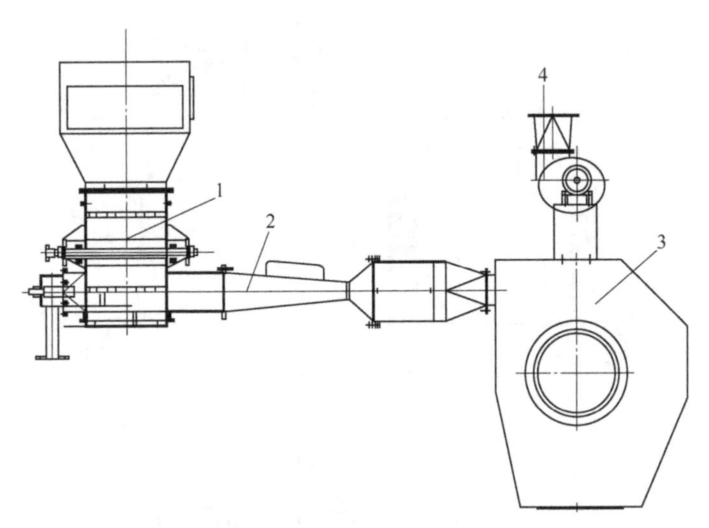

图 6-26　梗丝膨胀系统

1—进料气锁；2—文丘里管；3—切向分离落料器；4—排潮风机

进料气锁：用于衔接梗丝膨胀装置和梗丝干燥装置两大部分。进料气锁在保证梗丝连续向干燥装置进料的同时，保证干燥系统相对环境独立，保证热风温度和热风湿度的稳定。

梗丝干燥装置：由进料口、热风进口、进料管、匀料辊、倒锥干燥器、出料口、除杂装置和导风板组成，如图 6-27 所示。

膨化后的梗丝由进料气锁送入进料管，进料管沿气流方向倾斜安装，热风在热风进口分上下两部分进入进料管：上层热风为总风量的 1/3 左右，将梗丝输送到倒锥型干燥管内，热风温度为200℃左右，热风的气流速度为22m/s 左右；梗丝进入倒锥干燥管后，经进料管和倒锥型干燥管结合处的匀料辊分散后进入悬浮干燥状态，实施梗丝干燥。下层热风直接通过进料管进入倒锥型干燥管底部，托起进入干燥管内的物料，经导风板导向后使梗丝悬浮在倒锥管内向上移动，沿风速方向倒锥管截面不断放大，风速逐渐减小，梗丝向上运动的过程中不断地脱水而降低悬浮速度，使含水率小的梗丝向上运动速度相对于含水率大的梗丝要快些，从而提高干燥后梗丝的水分均匀性。同时，在悬浮干燥的过程中，梗丝中的梗头、梗签、团块等重物被风选出来，落到倒锥管底部由除杂装置排出干燥装置。

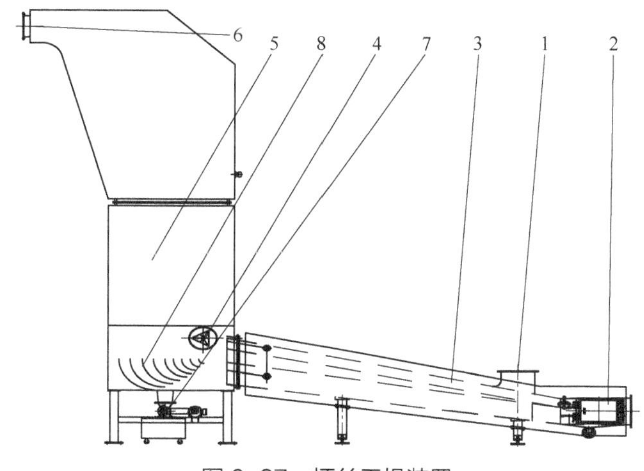

图6-27　梗丝干燥装置

1—进料口；2—热风进口；3—进料管；4—匀料辊；5—倒锥干燥器；6—出料口；7—除杂装置；8—导风板

匀料辊为三棱形，安装于进料管和倒锥型干燥管的结合处，由减速机驱动，可以将水平方向的来料梗丝和热风快速转向为垂直方向，通过匀料辊将梗丝和热风水平运动动能转换为垂直运动动能。同时，在梗丝气流干燥过程中，匀料辊能提高梗丝的分散度，从而提高固气混合物的传热传质效率，提高梗丝的干燥后水分均匀性。图6-28为物料匀料辊作用示意图。

气料分离装置：主要由气料分离室、检修口、出料气锁、转网吸鼓和回风口组成。其作用是将梗丝从热风中分离出来，热风通过转网吸鼓的筛网过滤后由回风口返回热风除尘、循环和排潮装置循环使用，梗丝在重力作用下沉降到出料气锁输出装置，进入下道工序。

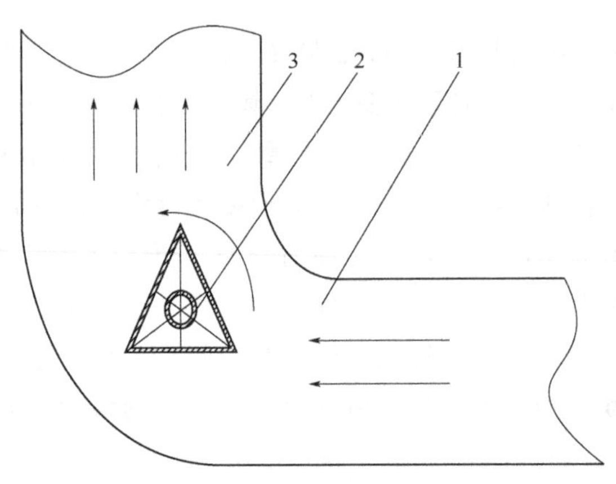

图 6-28 匀料辊作用示意图

1—进料管；2—匀料辊；3—倒锥型干燥管

热风除尘、循环和排潮装置：主要包括旋风除尘器、回风管道、风机、排潮风门开度执行机构和冷热风风门开度执行机构、排潮口、热风管道、冷风管道、热风炉、冷热风混合箱等。气料分离装置排出的热风经旋风除尘器除去灰尘后，由风机通过回风管道抽回，由排潮风门开度执行机构控制风门开度。排出部分潮湿气体后，将回风分为两部分，一部分经过冷风管道直接进入冷热风混合箱，另一部分通过热风管道经热风炉加热后进入冷热风混合箱，两部分风量比例通过冷热风风门开度执行机构调节，保证热风温度快速响应和稳定。

管路控制系统：包括供水、供气和供汽的管路控制系统。管路控制系统的供水主要包括模拟水和清洗水：模拟水用于设备预热阶段，在设备预热阶段向系统添加与梗丝干燥过程蒸发量相当的模拟水，使系统从预热进入生产过程的热风温度能无缝衔接，减少热风温度波动；清洗水用于消防和设备内壁的清洗。供汽主要是通过调节蒸汽的供应量，保持干燥系统内部的湿度；同时，在梗丝膨胀部分，通过蒸汽引射，使梗丝快速通过文丘里管，获得相应的梗丝膨胀效果，提高梗丝的填充值。

梗丝一线（节能型梗丝低速气流干燥线）和二线（隧道振槽式梗丝干燥线）加工出来的梗丝质量见表 6-7，由表 6-7 可知，两条线加工出的梗丝在干燥后填充值没有发生明显变化，但一线加工出来的梗丝，整丝率提高约 5 个百分点，碎丝率降低约 1 个百分点，干燥出口梗丝含水率极差明显减小；两条线在膨胀干燥到加香工序的梗丝风送过程中，均有造碎，经过筛分后一线梗丝整丝率比二线高约 3 个百分点，其他指标无明显差异。

表 6-7　梗丝一线和二线加工的梗丝质量对比

质量指标		梗丝一线	梗丝二线
干燥后	平均填充值/（cm^3/g）	7.74	7.87
	平均整丝率/%	90.81	85.82
	平均碎丝率/%	1.51	2.50
	平均含水率/%	13.12	12.92
	干燥出口含水率极差/%	0.61	2.10
加香后	平均填充值/（cm^3/g）	7.82	7.93
	平均整丝率/%	87.35	84.52
	平均碎丝率/%	1.1	1.2
	平均含水率/%	12.72	12.70

根据实测得出节能型梗丝低速气流干燥设备和现有梗丝膨胀干燥设备（隧道式梗丝干燥设备）在其设定生产能力条件下，计算出的单位质量梗丝能量消耗见表 6-8，由表 6-8 可以看出，节能型梗丝低速气流干燥机单位质量梗丝生产能耗比隧道式梗丝干燥机降低了 34.14%。根据实测得出节能型梗丝低速气流干燥设备和其他梗丝气流干燥设备（COMAS 高塔）在其设定生产能力条件下，计算出的单位质量梗丝能量消耗见表 6-9，由表 6-9 可以看出，节能型梗丝低速气流干燥机单位质量梗丝生产能耗比 COMAS 高塔降低了 18.51%。

表 6-8　与隧道式干燥设备能耗比较

工作阶段	项目	膨胀干燥方式	
		节能型梗丝低速气流干燥机（实际生产能力 2020kg/h）	隧道式梗丝干燥机（实际生产能力 1088kg/h）
预热阶段	预热时间/h	0.467	0.25
	电/（kW • h/h）	72.5	124.7
	柴油/（kg/h）	99	—
	蒸汽/（kg/h）	50	1200
生产阶段	电/（kW • h/h）	68.85	120.5
	柴油/（kg/h）	64	—
	蒸汽/（kg/h）	1200	1550
每天按 16 个小时生产折合标煤量/kg		3773.16	3085.62
单位质量梗丝能耗/（g 标煤/kg 梗丝）		116.7	177.2

表 6-9　与膨化塔能耗比较

工作阶段	项目	膨胀干燥方式	
		节能型梗丝低速气流干燥机（实际生产能力 2020kg/h）	COMAS 膨化塔（SH987）（实际生产能力 3700kg/h）
预热阶段	预热时间/h	0.467	0.583
	电/（kW·h/h）	72.5	416.8
	柴油/（kg/h）	99	—
	天然气/（m^3/h）	—	134
	蒸汽/（kg/h）	50	129
生产阶段	电/（kW·h/h）	68.85	378
	柴油/（kg/h）	64	—
	天然气/（m^3/h）	—	162
	蒸汽/（kg/h）	1200	1550
每天按 16 个小时生产折合标煤量/kg		3773.16	8157.47
单位质量梗丝能耗/（g 标煤/kg 梗丝）		116.7	143.2

三、梗丝膨胀与干燥质量要求

膨胀干燥后梗丝柔软、松散，无结团、湿团。质量应符合表 6-10 要求。

表 6-10　膨胀干燥后梗丝质量指标要求

含水率/%			温度/℃		填充值/（cm^3/g）		碎丝率/%
指标	允差	标准偏差	指标	允差	指标	允差	指标
12.0～14.5	±0.50	≤0.17	50.0～70.0	±3.0	≥6.5	±0.5	≤2.0

参考文献

[1] 李彦伟，范爱军．烟草制丝设备与工艺[M]．武汉：华中科技大学出版社，2014.
[2] 魏明．提高膨化塔水分控制能力[C]//中国烟草学会 2009 年学术年会论文集．中国烟草学会，2009: 12.

第七章　梗丝风选

一、梗丝风选的目的

干燥后的梗丝含有梗签、梗块或其他较重的杂物，梗丝与杂物间的密度不同，在卷烟生产过程中主要利用风分的方法，实现梗丝的风选，去除梗丝中相对密度较大的杂物。

二、梗丝风选的工艺与设备

梗丝的风选过程主要采用两种形式：一种是风选风送；一种是就地风选。

（一）梗丝风选风送

梗丝的风选风送是梗丝完成干燥后，利用风选机对梗丝进行风选，选后的梗丝经过风力送丝送至下游工序。该工艺是风选及风送在一个系统中完成，设备结构紧凑，风送距离长，实施方便。风选风送系统的主要设备是梗签风选机，其干燥原理见图 7-1。

梗丝风选装置主要由进料系统、风分箱、振动筛、梗签出料器、落料器及除尘器等部分组成。烘后的梗丝经喂料振槽送入落料口，落入十字抛料器后，其通过十字抛料器的高速旋转，被抛散到风分箱中，合格的轻质梗丝在合理风送的作用下向上飘浮，并在风分箱上部被气流输送至落料器。梗签及梗块等较重的杂物落在振动筛上，被送至螺旋输送器后汇入十字出料口排出。

风选风送系统存在一定的缺点：主要是风选和风送为同一风机，风量调节困难，梗签等杂物风分不够充分；风送风速高，梗丝在风送过程中造碎大；风送过程梗丝水分损失大。

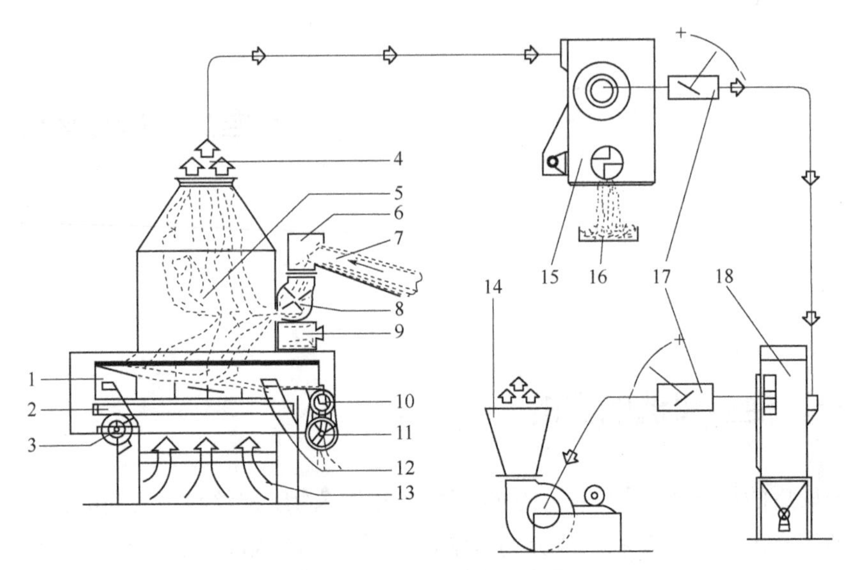

图 7-1 梗丝风选机示意图

1—振动筛；2—平衡架；3—电动机；4—梗丝及空气流向；5—风选箱；6—落料口；7—喂料振槽；8—十字抛料器；9—调速齿轮电机；10—螺旋输送器；11—十字出料口；12—齿轮电机；13—车间空气；14—风机；15—落料器；16—输送振槽；17—控制门；18—除尘器

针对风选风送系统的缺点，开发出梗丝柔性风选系统。

（二）梗丝柔性风选系统

梗丝柔性风选系统最大特点是只对物料进行风选而不进行风送，与其他类型的风选器相比，由于降低了风速且不进行远距离的输送，因此可以最大限度地减少烟草物料在风选过程中的造碎和水分散失。由图 7-2 可见，被选物料由进料振槽送入箱体后自由下落，利用侧向进风和底部垂直进风对其进行风选。在风选过程中，重的物料如黑色杂物和梗签（块）等通过出杂口落下，轻的物料如烟丝等由出料皮带送出箱体。根据被风选物料的形状和密度差异，以及在一定风速的侧向进风作用下，物料下落的距离不同这一原理，通过调整侧向进风的风速，对被风选的物料进行风选。同时，由于箱体横断面的风速远低于被风选物料的悬浮速度，轻的物料在脱离侧向进风的作用范围后便自由落下，因此不会被箱体上部的排风管道吸走。但是风选对于质量密度相差不大的物料来说分离效果会有所下降，为此，还增设有垂直进风，利用悬浮速度的差异，对风选下来的物料再进行二次风选，将混杂其中的少量游离烟丝进一步选出。这样，在两次风选的共同作用下可以大大提高物料的分离精度和分离效果。

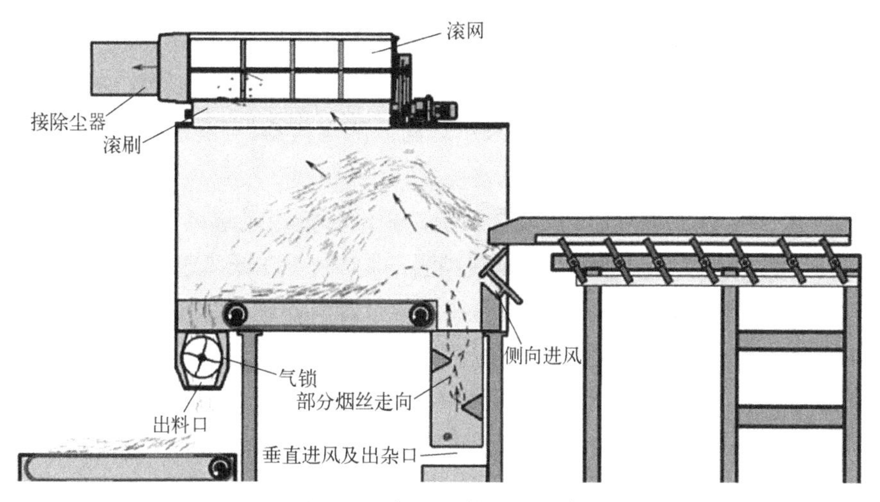

图 7-2　梗丝柔性风选系统

同风选风送工艺相比，就地柔性风选工艺（图 7-3）具有如下技术特点：一是采用漂选与浮选相结合，提高风选效果；二是对烟草制品进行就地柔性风选而不风送，风选状态调节比较灵活；三是风选过程中对梗丝基本不产生造碎；四是风选过程中时间短，水分丢失很少。

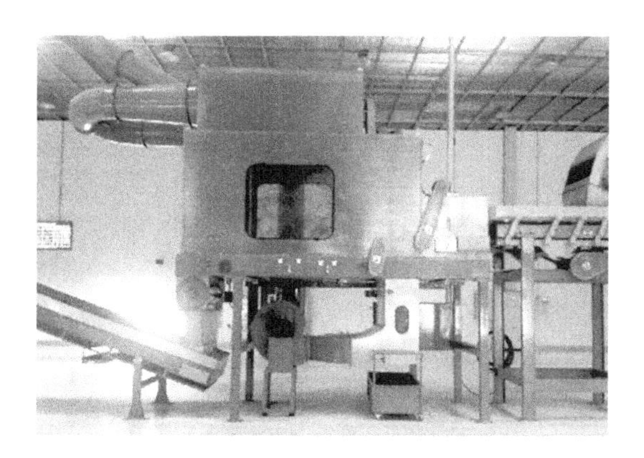

图 7-3　就地柔性风选系统安装图

（三）矩形管低速风选风送系统

风选后的梗丝采用传统的圆形管道输送系统输送的主要缺点是在输送过程中物料产生较大的造碎，主要原因包括：一是圆形管道输送系统的等截面设计使其各段风速相同，全系统都工作在最高风速条件下；二是管道内的风速较高（理论风速不得低于 17m/s），输送过程中物料与管壁激烈碰撞并呈螺旋状前进，弯头处碰撞更为剧烈；三是气料分离一般采用切向分离落料器，此种落料器对物料产生较大的造碎。

相对于传统的风选+圆形管风送系统，矩形管低速风选风送具有如下技术优势：一是大断面的风选箱和物料的延展抛洒，非常利于在低风速下对梗签和物料进行分离；二是"F 型"垂直组合过渡弯头设置有侧向补风口，可使物料在垂直提升惯性和侧向风的共同作用下聚拢转向，可平稳地进入水平输送管道，有效地避免了物料直接碰撞弯管管壁；三是输送路径中不同的管段、不同的位置都根据所需的合适风速选择了不同的截面尺寸，从而使得整个系统能够在最经济合理的风速条件下运行；四是采用了自由沉降的落料方式，运用了物料和气体惯性不同的原理，可在烟丝结构几乎不变的条件下，完成平稳落料，而且自由沉降式落料器的结构简单、维修保护方便；五是对于输送膨胀烟丝、梗丝或叶丝等物料，其矩形管内的最高风速在 12～14m/s 之间。在等料气比和等投料强度下矩形管比圆形管有一个明显的优势就是可以实现较低风速的物料输送，这也是降低物料造碎的主要原因。

1. 矩形管低速风选风送系统的组成

二级方管风选管道主要由垂直风选部件、水平输送部件、沉降式落料部件、喷吹部件、气锁部件、循环风管路、除尘管路、本地风机等部分组成。系统结构见图 7-4。

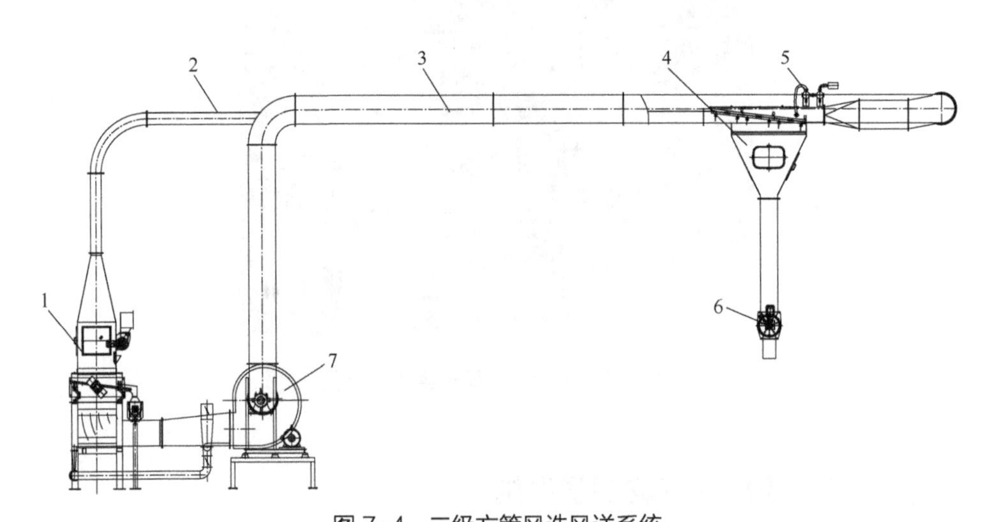

图 7-4　二级方管风选风送系统

1—垂直风选器；2—料气管；3—回风管；4—沉降式落料器；5—喷吹系统；6—出料气锁；7—风机

垂直风选箱部件由抛料辊、箱体、观察窗、振动筛、照明灯、检修门及螺旋输送机组成，见图 7-5。箱体的材料采用镜面拉丝不锈钢板；箱体侧面均开一面观察窗以及安装照明灯，以便于工作人员观察物料在箱体内的风选情况，检修门便于工作人员检修；杂物由振动筛输送至螺旋输送机排出。

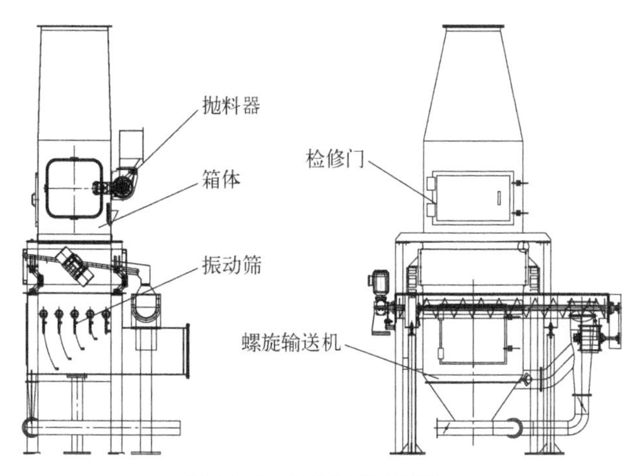

图 7-5 垂直风选箱部件

水平输送部件主要由管体及观察窗组成，见图 7-6。通过观察窗可以清晰地看到物料的运行状态。

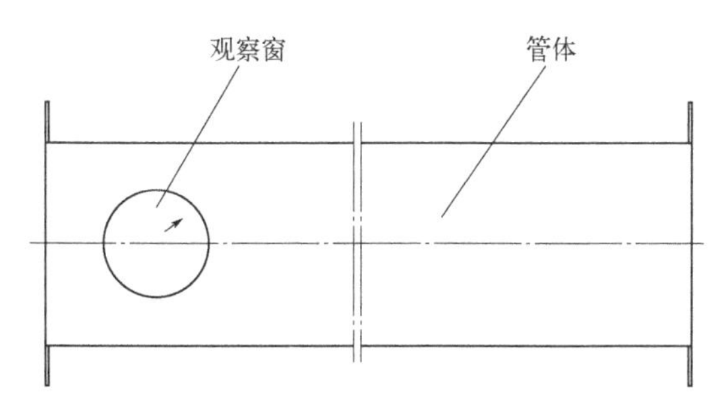

图 7-6 水平输送部件

沉降式落料箱部件由上盖、气料分离装置、箱体、观察窗、检修门等组成（详见图 7-7）。气料分离装置可以实现物料与气的分离，可以抽拉拿出进行灰尘清理；观察窗可以清晰地看到柔性落料过程；检修门用于紧急堵料情况下清理箱体内堆积的物料。

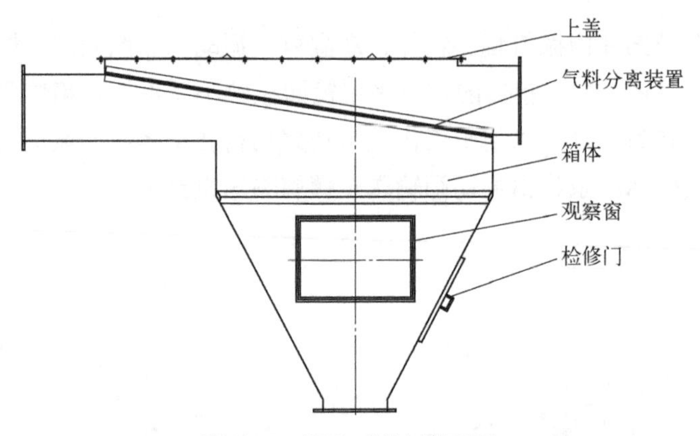

图 7-7　沉降式落料箱部件

出料气锁部件主要由机体、端盖及转子等组成（详见图 7-8）。转子用来封闭机体，在落料的同时不会漏气进去，防止物料翻腾。

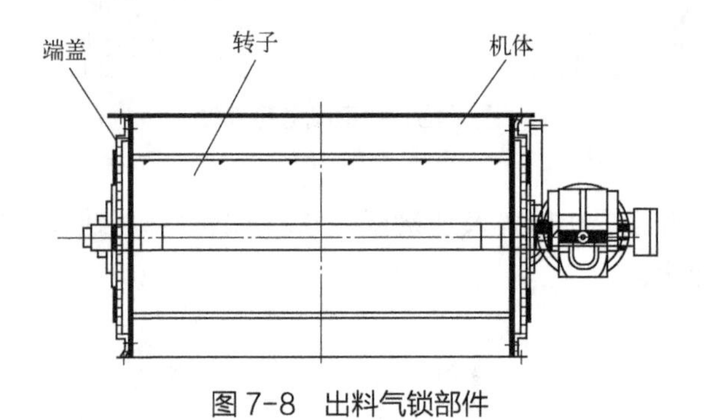

图 7-8　出料气锁部件

喷吹部件由气料气包及喷吹管等组成，见图 7-9。气包用于储存压缩空气。

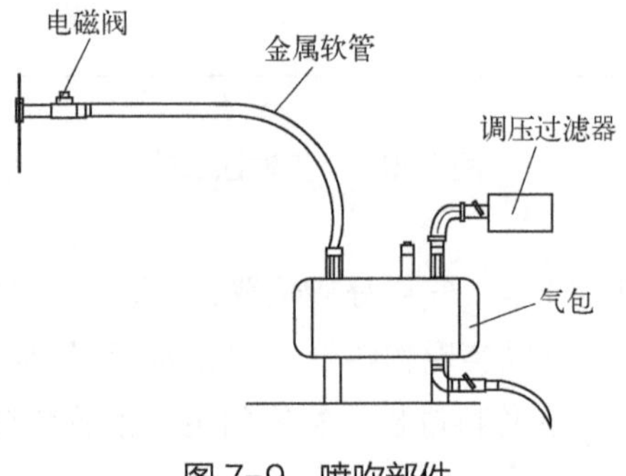

图 7-9　喷吹部件

2. 矩形管低速风选风送系统的基本原理

（1）烟丝输送风速与造碎率关系

当管径与水分一定时，烟丝气力输送造碎率的增加主要取决于输送风速。输送风速与造碎率之间的实验线性关系如图 7-10 所示。

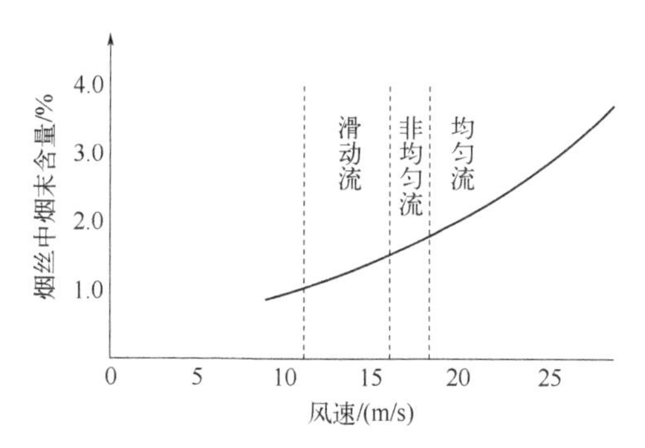

图 7-10　风送风速与造碎的关系

由图 7-10 可以看出，风送风速的增加会引起造碎的升高，因此在风送过程中为减少烟丝造碎，必须降低管道输送风速。

（2）烟丝输送的流态

烟丝输送速度从高到低，历经三种流态（图 7-11）：均匀流、非均匀流、滑动流。均匀流态下，烟丝输送速度最高，烟丝均匀充满管道；非均匀流烟丝位于管道中、下部；滑动流态下，烟丝输送速度最低，烟丝贴近管底滑行，在滑动流态（低风速）下输送，烟丝造碎最小。

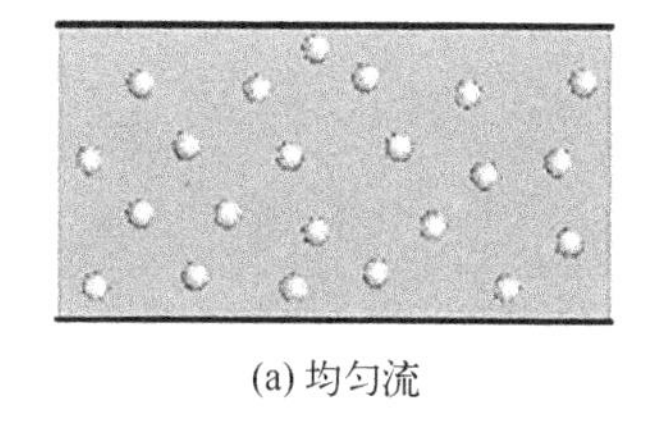

(a) 均匀流

(b) 非均匀流

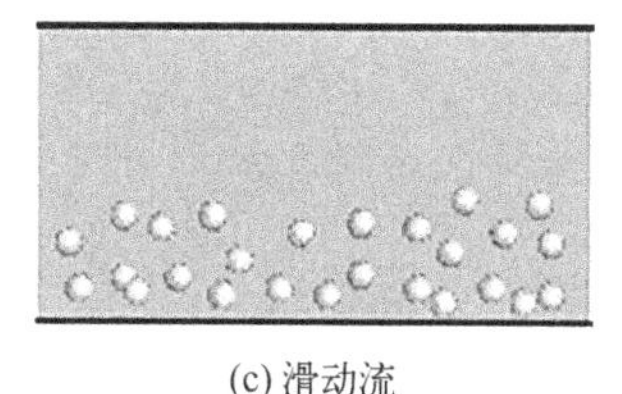

(c) 滑动流

图 7-11　梗丝三种流动状态

圆形截面管道内的气流分布不均匀、风速不稳定，而矩形截面管道内的气流分布非常均匀且风速稳定。低速方管风选风送系统均匀的工艺设计，可长时间滞留烟丝，同时物料不分层，实现真正意义上无重叠的物料轨道，不同于圆形截面管道的螺旋状推进方式，物料在输送过程中既不会互相碰撞，也不会与管壁发生激烈的碰撞。不同形态管道中气流分布状态见图 7-12。

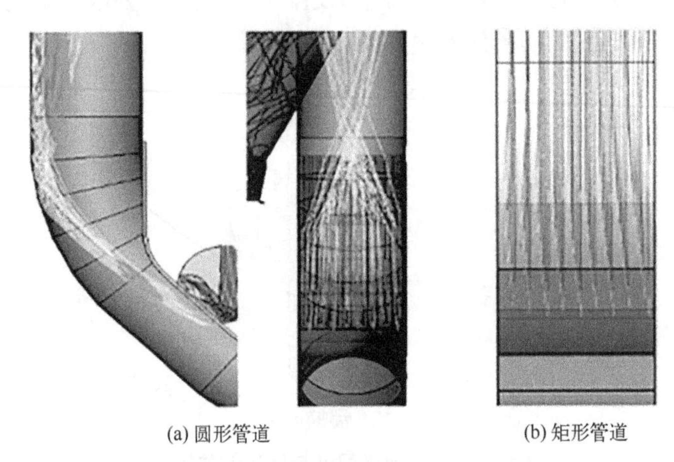

(a) 圆形管道　(b) 矩形管道

图 7-12　不同形态管道中气流分布状态

下篇

烟梗加工新技术

第八章　烟梗成丝技术

梗丝具有改善卷烟燃烧状态、调节感官吸味、降低焦油释放量等作用，已成为卷烟配方的重要组成部分[1]。传统梗丝制备工艺为了追求梗丝的高填充性能，在烟梗成丝方面普遍采用“压梗＋切梗”工艺，梗丝形态一般为大片状，一定历史时期内，在降低配方成本及焦油含量等方面起到了积极贡献，但梗丝与叶丝形态尺寸差异较大，导致梗丝在烟丝中的掺配均匀性、烟支物理指标及烟气成分稳定性较差[2]，在追求卷烟高品质尤其是细支卷烟高速发展的新形势下，这一问题日益凸显。如何改变梗丝形态使之更接近于叶丝，逐渐成为烟梗加工的研究热点，在此背景下，烟草行业科技工作者开展了大量探索研究，并开发了烟梗复切成丝[3]、超薄压梗成丝、烟梗盘磨成丝等多种加工工艺，以及与预膨胀烟梗相适应的梗丝加工工艺。

一、复切成丝技术

烟梗复切成丝技术，是先将润透后的烟梗切成厚度与叶片相近的梗片，再将梗片切成宽度与叶丝相近的梗丝，按此方法可得到宽度和厚度与叶丝非常相近的成品梗丝（见图 8-1）。

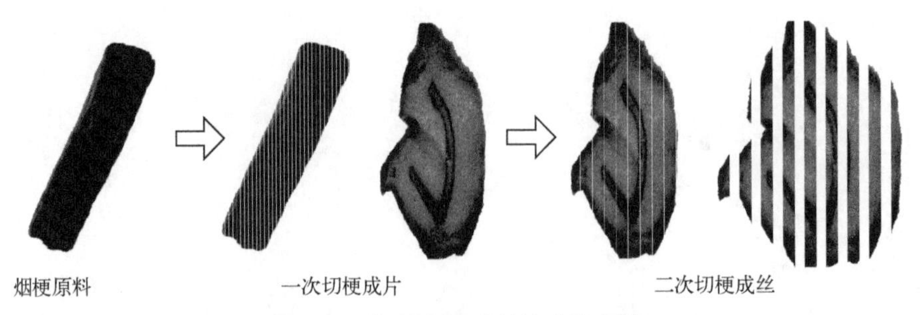

图 8-1　烟梗复切成丝技术示意图

（一）工艺流程

烟梗复切成丝工艺流程见图 8-2。流程可以分为三个主要阶段：第一个阶段为烟梗回潮段。烟梗开包后，在烟梗筛分工序筛除烟梗中的梗拐、细梗、短梗及砂土等杂物，在洗浸梗工序增加烟梗含水率和温度，进一步去除烟梗表面灰尘，并沉淀出金属和非金属重杂物，在烟梗回潮工序对烟梗含水率进行调节，使之满足后工序加工工艺要求，经过两次贮梗，使烟梗表面与内部含水率趋于一致。第二个阶段为烟梗成丝段。烟梗经贮梗工序充分润透、含水率平衡后，在一次切梗工序中将烟梗切成厚度与叶片相近的梗片，在二次切梗工序中将梗片切成宽度与叶丝相近的梗丝，两次切梗之间设置贮梗片工序，用于平衡、缓冲前后工序的加工时间和生产能力，保障二次切梗生产的连续性，避免切梗丝机频繁启停。第三个阶段为梗丝膨胀干燥段。烟梗复切成丝后，在增温增湿工序将并联粘连梗丝松散开来，在梗丝加料工序添加料液并调节含水率，在膨胀干燥工序提高梗丝弹性、填充能力和燃烧性，并去除梗丝中的部分水分，在风选工序去除梗丝中的梗签、梗块、湿团等重杂物，在筛分工序去除梗丝中的大片梗丝、碎丝和碎末，之后施加香液得到成品梗丝。

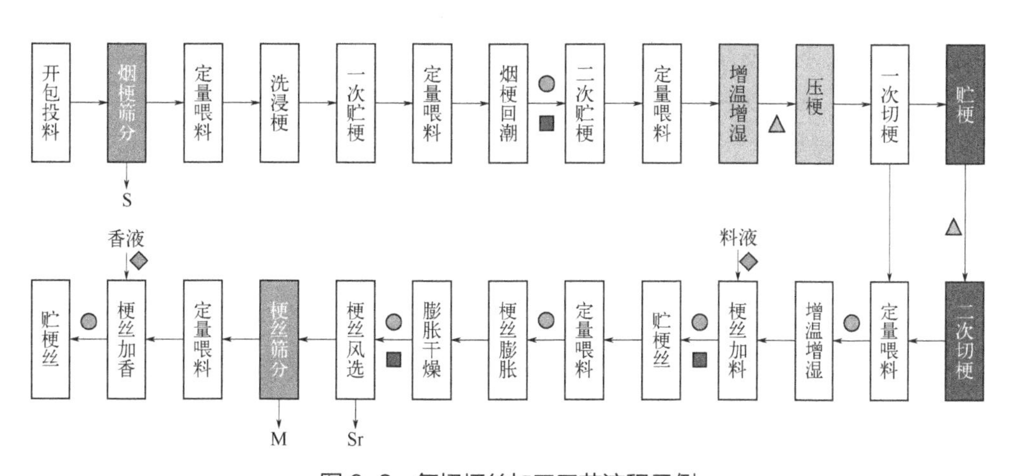

图 8-2 复切梗丝加工工艺流程示例

改造工序；取消工序；新增工序；●水分探测仪；■温度测量仪；◆流量控制；▲金属探测仪；

S—梗头、梗拐、细梗、短梗及砂土；Sr—梗签、梗块及重杂物；M—梗片、碎丝及碎末

烟梗复切成丝工艺根据自身技术特点，可基于传统制梗丝线进行适应性改造，能够很好兼容复切梗丝与常规梗丝的生产加工，当新增二次切梗工序后，生产能力能够保持原传统制梗丝线的生产能力。两种梗丝加工的主要差异在烟梗成丝段：

复切梗丝生产时，原传统制梗丝线的压梗工序可作通道使用，经过一次切梗、贮梗、二次切梗形成丝状梗丝；传统梗丝生产时，经过增温增湿、压梗、一次切梗形成传统梗丝。在复切梗丝生产时，需控制烟梗原料的物理形态，筛除烟梗中的“细、短、拐、头”，即直径 3mm 以下细梗，长度 10mm 以下短梗，直径 10mm 以上梗头和梗拐，以降低成品梗丝碎丝率，提升梗丝物理和感官质量；干燥后增加片状梗丝筛分，强化碎丝筛分，以提高梗丝形态尺寸的均匀性。在常规梗丝生产时，筛除烟梗中的梗拐，以及长度小于 10mm、直径小于 2.5mm 的碎梗和非烟草杂物。

（二）技术关键

烟梗复切成丝技术虽然主要基于常规制梗丝工艺线路，但也有自身特点，其关键控制技术包括烟梗原料结构尺寸控制、梗丝形态尺寸控制及切梗参数控制等。

1. 原料筛分

烟梗原料中直径 3mm 以下细梗经过两次切梗，形成碎丝及碎末，会增加后工序湿团现象及梗丝中的碎丝含量，应予以筛除；烟梗中直径 10mm 以上梗头和梗拐密度大、复水性差，切梗丝时易发生漏切现象，不利于提高梗丝形态尺寸均匀性，同时，梗头和梗拐会增加梗丝的木质杂气和刺激性，应予以筛除；烟梗中长度 10mm 以下短梗在切梗丝时易发生漏切现象，不利于提高梗丝形态尺寸均匀性和纯净度，应予以筛除。

2. 复切参数

一次切梗：应保证来料流量稳定，烟梗充分润透，表面无水渍，烟梗含水率应适宜，避免含水率过高导致二次切梗时刀片烟垢附着；刀门压力应适宜，在不漏切的前提下应尽量降低刀门压力，使一切后的梗丝呈大片状；一次切梗厚度宜在 0.15～0.25mm 范围内。

二次切梗：应保证来料流量稳定，梗片缓存应选用贮柜或较大装容量的喂料机，出料速度、提升带频率、切梗丝转速应匹配，避免切梗丝机频繁启停造成梗丝尺寸均匀性变差；刀门压力应适宜，在设备允许的情况下应尽量增加刀门压力，减少成品梗丝中大片的含量；在二次切梗时，辊刀式切梗丝机易出现导丝条堵塞现象，影响梗丝形态尺寸均匀性，宜选用转盘式切梗丝机；二次切梗丝厚度宜在 0.80～1.2mm 范围内。

3. 梗丝筛分

复切成丝工艺碎丝及碎末含量较高，应予以筛除，碎丝筛分孔径宜在 1.0～1.5mm 范围内；烟梗复切时出现少量的漏切梗片，经膨胀干燥后将形成大片梗丝，应予以筛除，梗片筛分孔径宜在 4.0～6.0mm 范围内。

（三）梗丝加工质量

1. 形态尺寸

利用 CWT200 烟丝宽度测定仪检测梗丝的宽度和长度，按照烟丝尺寸分布特性方程 $y=1-\exp[-(x/d_e)^n]$进行拟合，可以得到梗丝的特征尺寸及均匀性系数。式中，y 为累积数量百分数，%；x 为尺寸界限，mm；d_e 为特征尺寸，其值越大表明梗丝的尺寸越大；n 为均匀性系数，其值越大表明梗丝尺寸分布越均匀。

常规梗丝（图 8-3）的宽度主要由压梗间隙进行调节，为了避免压梗机堵料，保障生产连续性，压梗间隙一般不宜设置过低，烟梗润透率、烟梗尺寸、压辊间隙一致性等也会对压梗效果产生影响，常规梗丝宽度普遍较大且均匀性较差。复切梗丝（图 8-4）的宽度主要由第二次切梗宽度决定，相对而言更为受控，复切梗丝宽度明显降低且均匀性明显改善，由于经过两次切梗丝，其长度明显降低，形态尺寸与叶丝（图 8-5）的中短丝较为接近。梗丝宽度分布情况见图 8-6。

图 8-3 常规梗丝

图 8-4 复切梗丝

图 8-5 叶丝

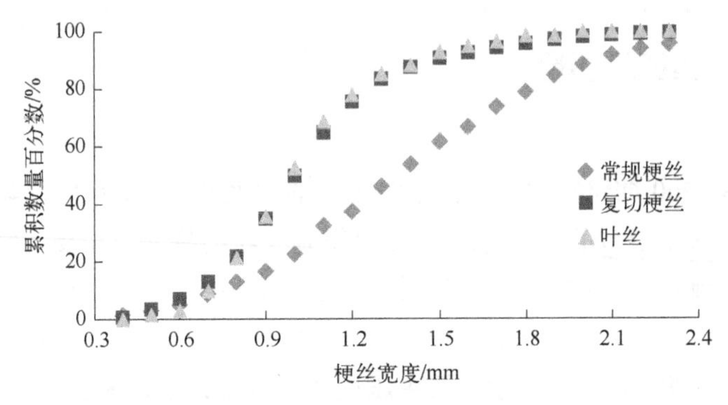

图 8-6　梗丝宽度分布情况

梗丝长度分布情况见图 8-7。梗丝尺寸拟合特征参数见表 8-1。

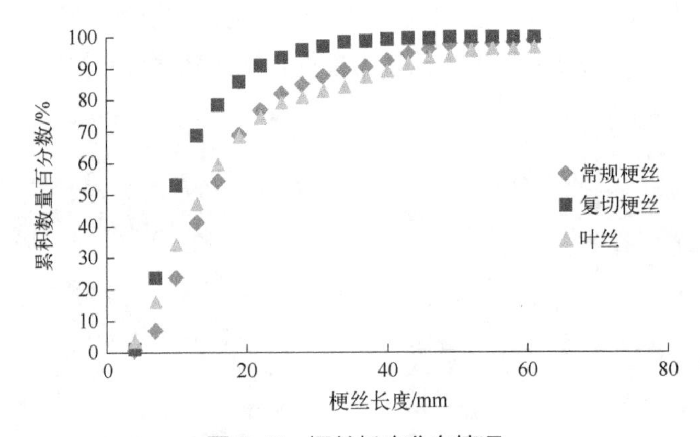

图 8-7　梗丝长度分布情况

表 8-1　梗丝尺寸拟合特征参数

指标	样品	d_e/mm	n	R^2
梗丝宽度	常规梗丝	1.54	2.99	0.9993
	复切梗丝	1.12	3.77	0.9937
	叶丝	1.10	4.22	0.9933
梗丝长度	常规梗丝	19.08	1.80	0.9829
	复切梗丝	12.71	1.93	0.9837
	叶丝	19.08	1.30	0.9787

2. 物理指标

复切梗丝由于经过两次切梗丝，生产过程造碎相对较大，长丝含量明显减少，中丝、短丝、碎丝含量增加，填充值略有下降，生产加工过程中应注重提高碎丝筛分效率。梗丝物理指标见表 8-2。

表 8-2　梗丝物理指标对比

指标	常规梗丝		复切梗丝	
	烘梗丝出口	加香出口	烘梗丝出口	加香出口
长丝率/%	60.28	55.19	13.60	19.13
中丝率/%	20.56	23.46	36.66	32.83
短丝率/%	16.47	20.17	44.43	46.36
碎丝率/%	2.69	1.19	5.31	1.68
填充值/（cm^3/g）	7.09	7.22	6.87	7.01

（四）应用效果

1. 出梗丝率

在相同生产线，常规梗丝出梗丝率平均值为 90.15%，复切梗丝出梗丝率平均值为 83.32%，两者存在差异的主要原因：一是复切梗丝经过两次切梗丝，碎丝及碎末达到 5%～6%，筛分工序筛除了更多的碎丝及碎末；二是复切梗丝对形态尺寸均匀性提出了更高要求，筛分工序筛除了大片梗丝。

2. 梗丝利用率

跟踪测试卷制过程梗丝结构变化及损耗情况，结果见表 8-3。经过风送、卷制后，复切梗丝的长丝率变化较小，这是因为复切梗丝的长丝含量较小；中丝率降低，短丝率及碎丝率增加，原因是复切梗丝的中丝含量较大，经过风送、卷制后更易形成短丝和碎丝；损耗率较高，这是因为风送、卷制过程形成的碎末较多并被除尘系统带走，其损耗率高于常规梗丝，但与叶丝较为接近，也从侧面说明复切梗丝的实际利用率与产品设计比例更为接近。

表 8-3　卷制过程梗丝结构变化及损耗情况

检测位置	指标	常规梗丝	复切梗丝	叶丝
喂丝振盘	长丝率/%	61.49	12.05	55.24
	中丝率/%	25.75	42.30	25.27
	短丝率/%	11.84	44.07	18.29
	碎丝率/%	0.92	1.57	1.20
	投料量/kg	16.78	20.78	16.42

续表

检测位置	指标	常规梗丝	复切梗丝	叶丝
烟枪出口	长丝率/%	48.25	7.45	41.25
	中丝率/%	32.51	38.46	31.14
	短丝率/%	16.74	48.86	24.76
	碎丝率/%	2.51	5.23	2.86
	总重量/kg	16.34	19.74	15.62
	损耗率/%	2.62	5.00	4.87
变化量	长丝率/%	−13.24	−4.60	−14.00
	中丝率/%	6.76	−3.84	5.87
	短丝率/%	4.90	4.79	6.47
	碎丝率/%	1.58	3.66	1.66

3. 卷烟感官质量

各牌号梗丝使用比例及烟支规格见表 8-4，对优化配方及原配方样品进行感官评价，感官评价结果见表 8-5。牌号 1 号、2 号、3 号、7 号的梗丝使用比例分别增加 5.8%、5.0%、2.0%、5.0%，感官质量得分总体与原样基本一致，杂气略有增加；牌号 4 号、5 号、6 号的梗丝使用比例相同，感官质量得分平均提高 0.55 分，主要体现在木质杂气、刺激性降低。出现上述现象的原因可能是常规梗丝采用“压梗+切梗”工艺，烟梗中起主要填充作用的疏松髓腔组织被压梗工序破坏，梗丝中保留了较多致密的导管和表皮组织，导致梗丝的木质杂气与刺激性较重。

表 8-4　各牌号梗丝使用比例与烟支规格情况

牌号	使用比例/%		烟支规格/mm	
	常规梗丝	复切梗丝	长度	圆周
牌号 1 号	5.00	10.80	84.0（25.0+59.0）	24.20
牌号 2 号	0.00	5.00	84.0（24.0+60.0）	24.40
牌号 3 号	6.00	8.00	84.0（25.0+59.0）	24.20
牌号 4 号	8.80	8.80	84.0（25.0+59.0）	24.20
牌号 5 号	5.00	5.00	84.0（30.0+54.0）	24.40
牌号 6 号	15.00	15.00	94.0（30.0+64.0）	22.50
牌号 7 号	0.00	5.00	97.0（24.0+73.0）	17.00

表 8-5　烟支感官评价记录表

规格	梗丝配方	光泽	香气	谐调	杂气	刺激性	余味	总分
牌号 1 号	原配方	5.00	28.50	5.00	11.00	17.50	22.00	89.00
	优化后	5.00	28.50	5.00	10.95	17.50	22.00	88.95
牌号 2 号	原配方	5.00	28.50	5.00	11.00	17.50	22.00	89.00
	优化后	5.00	28.45	5.00	10.90	17.50	22.00	88.85
牌号 3 号	原配方	5.00	28.50	5.00	11.00	18.00	22.00	89.50
	优化后	5.00	28.55	5.00	11.10	18.05	22.00	89.70
牌号 4 号	原配方	5.00	28.00	5.00	10.50	17.50	22.00	88.00
	优化后	5.00	28.10	5.00	10.70	17.65	22.10	88.55
牌号 5 号	原配方	5.00	28.50	5.00	11.00	17.50	22.00	89.00
	优化后	5.00	28.55	5.00	11.15	17.65	22.05	89.40
牌号 6 号	原配方	4.50	28.00	5.00	10.50	18.00	22.50	88.50
	优化后	4.50	28.15	5.00	10.65	18.25	22.65	89.20
牌号 7 号	原配方	5.00	29.00	5.00	11.00	18.00	22.00	90.00
	优化后	5.00	28.95	5.00	10.95	18.00	22.00	89.90

注：表中数据为各项目得分，杂气和刺激得分高，说明杂气少，刺激性小。

4. 烟支物理质量

对于常规梗丝和复切梗丝，各统计 3 个月的烟支物理指标数据，结果见图 8-8～图 8-10。将常规梗丝替换为复切梗丝后，烟支物理指标稳定性明显改善，其中，质量、吸阻、滤嘴通风率标准偏差分别平均降低 0.76mg、1.04Pa、0.0456%。出现上述现象的原因可能是复切梗丝形态尺寸更加均匀，且与叶丝形态更为相似，有利于提高梗丝在烟支中的分布均匀性。

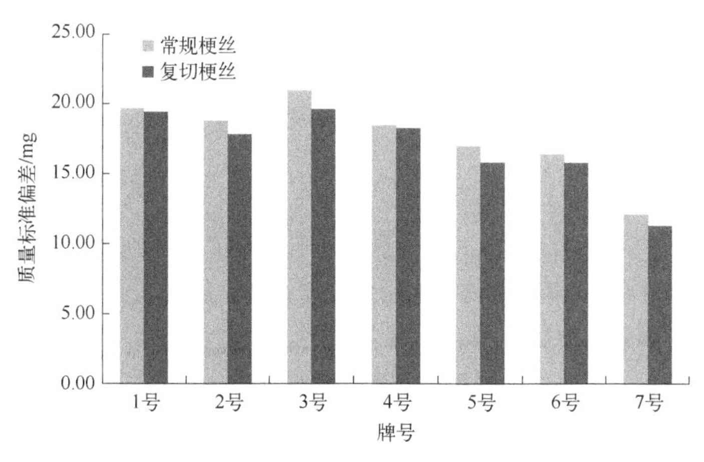

图 8-8　烟支质量标准偏差变化情况

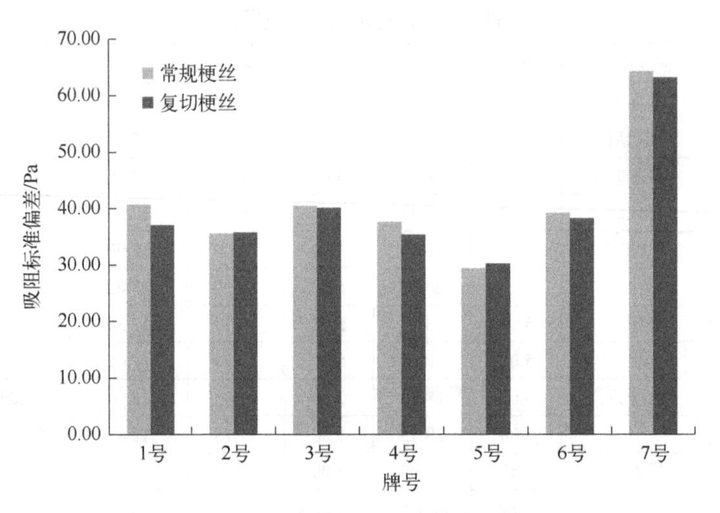

图 8-9　烟支吸阻标准偏差变化情况

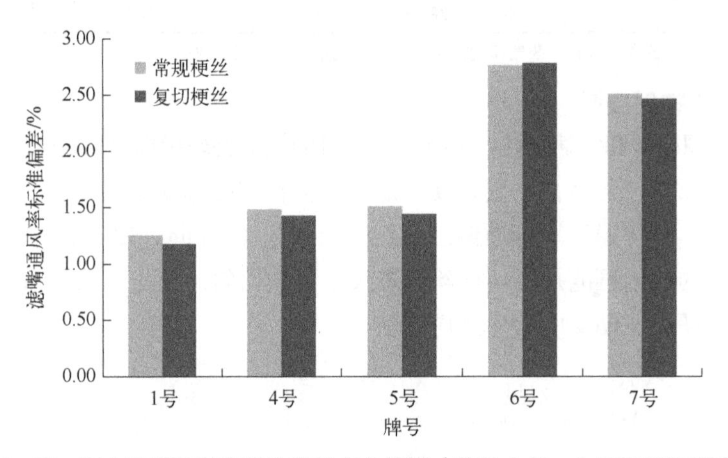

图 8-10　烟支滤嘴通风率标准偏差变化情况（牌号 2 号、3 号无通风打孔）

5. 烟支烟气指标

对于常规梗丝和复切梗丝，各统计 3 个月的烟支主流烟气指标数据，结果见图 8-11 至图 8-13。将常规梗丝替换为复切梗丝后，牌号 1 号、2 号、3 号、7 号的梗丝使用比例分别增加 5.8%、5.0%、2.0%、5.0%，各项主流烟气释放量出现不同程度的降低，其中，烟碱释放量平均降低 0.15mg/支，焦油释放量平均降低 0.85mg/支，一氧化碳释放量平均降低 0.97mg/支；牌号 4 号、5 号、6 号的梗丝使用比例相同，主流烟气释放量无明显变化规律。

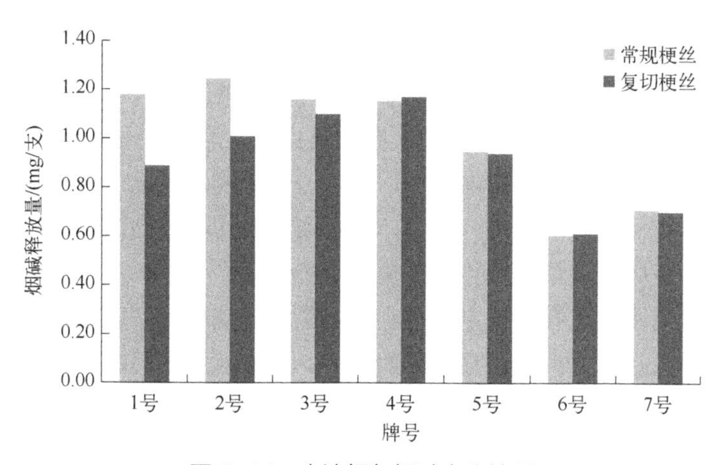

图 8-11　主流烟气烟碱变化情况

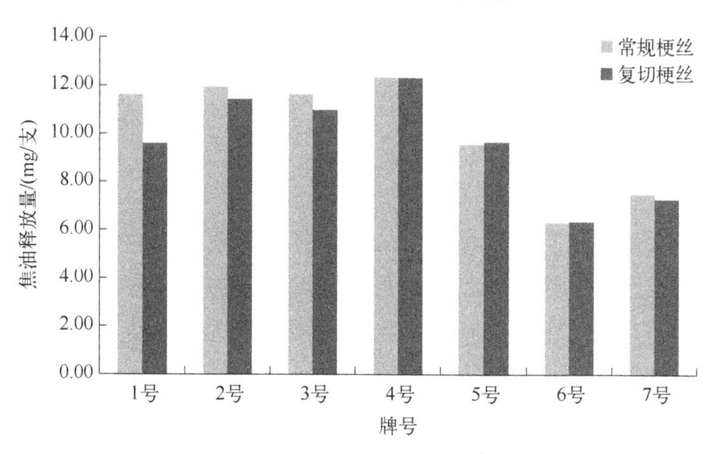

图 8-12　主流烟气焦油变化情况

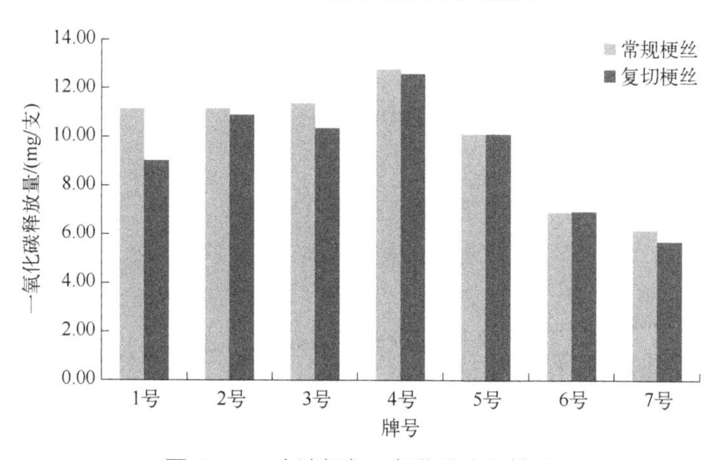

图 8-13　主流烟气一氧化碳变化情况

采用复切技术的梗丝具有如下优势：一是梗丝丝状形态较好、宽度均匀，形态尺寸与叶丝非常相近，有利于提高烟支物理指标的稳定性；二是与常规梗丝相比，复切梗丝木质杂气、刺激性较低，有利于提高卷烟感官质量及梗丝使用比例；三是与常规制梗丝生产线兼容性较好，技术改造难度小、成本低、周期短，仅需增加切梗丝机及相关辅连和筛分设备，即可实现复切梗丝的连续化生产，能有效保持整线生产效率，满足工业化、规模化生产需要。

同时，复切梗丝也存在一定问题，主要是当前烟梗复切成丝技术是基于常规制梗丝生产线改造而成的，还存在碎丝较多、长度较短等问题，未来可以考虑在以下方面改善优化：一是应用滚筒或视觉筛分设备，减少振动筛分机网孔堵塞现象，提高梗拐和细梗筛分效率；二是改进切梗丝机喂料设备，梳理烟梗方向，增大第一次切梗后的梗片尺寸，提高成品梗丝长度；三是改进梗丝筛分设备，在筛除大片梗丝的同时，避免形态较好但长度较长的梗丝被误筛。

二、辊切成丝技术

辊切成丝采用辊压剪切的成丝方式，以传统制梗丝线生产的梗片作为原料，用辊压切刀对成品梗片进行剪切，可形成宽度一致的丝状梗丝。由于切刀是由很多宽度一致的刀片组成的模具剪刀，当成品梗片经过模具剪刀时就形成了和刀片宽度一致的丝状梗丝。其物理形状与叶丝完全一致。

辊切成丝本质上是辊轧进料、剪切成丝，其基本原理为轧制理论。轧制过程是靠旋转的轧辊与物料之间形成的摩擦力将物料“拖”进辊缝之间，并使之受到压缩产生变形的过程，基本原理如图 8-14 所示。辊切与轧制的区别仅在于：辊切时轧压的厚度小于零，即形成了剪切。

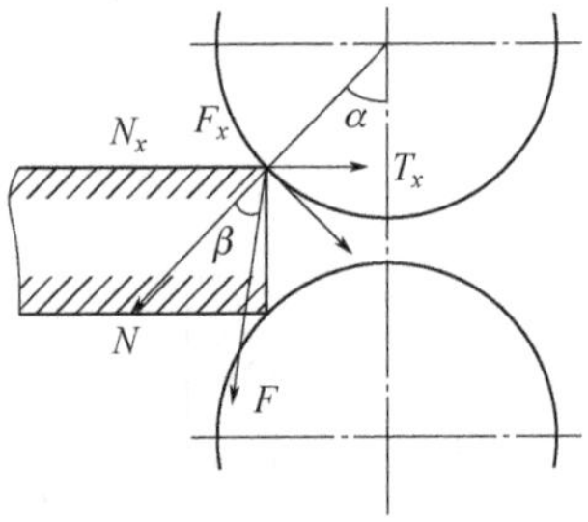

图 8-14　轧制理论

由轧制的原理可知，实现连续稳定辊切的前提条件为摩擦角 β 大于等于咬入角 α，即增大摩擦角或减小咬入角均可提高剪切的效果和设备的运行连续性、稳定性。

（一）辊切成丝工艺流程

辊切梗丝工艺流程见图 8-15。流程分为烟梗预处理段、制梗片段和辊切成丝段等 3 个工段，关键工序包括：烟梗筛分、回潮、切梗片、加料、膨胀干燥、均铺、辊切等。可以看出本工艺流程简练，实现方便，可在原制梗丝工艺基础上改造完成。

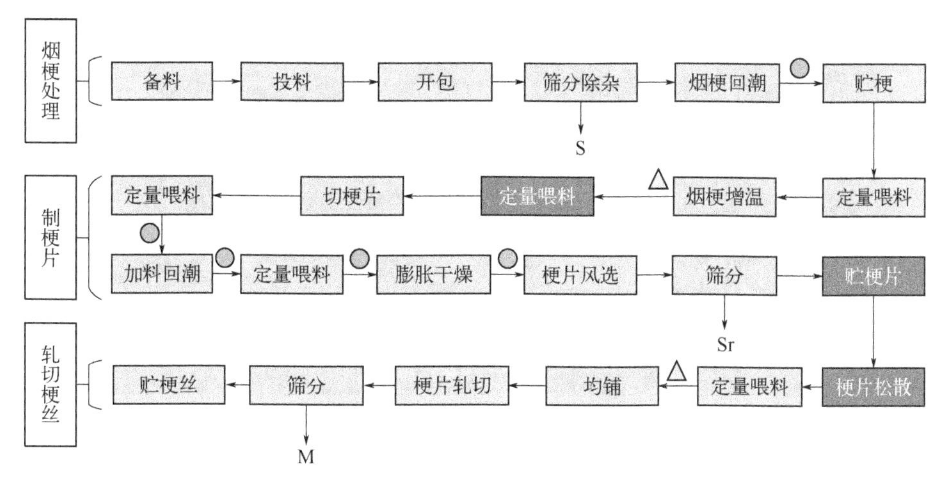

图 8-15　辊切梗丝工艺流程图

必设工序；推荐工序；△金属探测仪；○水分探测仪；
S—砂土，3mm 以下的细梗及梗拐；Sr—梗块，梗签，杂物；M—碎末

（二）关键技术

1. 烟梗多级筛分

针对不同烟梗尺寸及形态，采用滚筒筛和图像法对烟梗进行筛分，其中，应用比较成熟的是多级滚筒筛，其结构见图 8-16。其主要结构特征是被设计为多个区域，分别设置直径为 3mm、6mm 及 10mm 的长条形筛孔，筛除 3mm 以下的细梗和 10mm 以上的梗拐，3～6mm 烟梗不再筛分，直接进入 6～10mm 筛后工序，6～10mm 烟梗采用图像识别的方法，进行循环二次筛分筛除其中梗拐。筛分前后梗片物理质量检测结果见表 8-6。经滚筒筛筛分后的梗片物理质量改善明显，整丝率提高，碎丝率减少，填充值增加。

2. 梗片摊薄

辊切成丝的物料层厚度是有限的，因此要实现辊切成丝法量化生产，就必须对来料进行摊薄。图 8-17 为摊薄机构，该机构由两台高速皮带机构成，皮带两侧有两根密封条，密封条与皮带是一体的，两条皮带贴合在一起，形成一个几乎密封的腔体，就像是一个高速运动的限量管，物料很薄，很规整，但运动速度很快。完全满足切刀对来料的要求。

图 8-16　烟梗多级筛分装置

表 8-6　梗片物理质量测定结果

处理	梗片结构/%					填充值 /（cm^3/g）
	整丝率	长丝率	中丝率	短丝率	碎丝率	
筛梗前	91.4	62.26	29.15	7.23	1.36	5.52
筛梗后	93.25	67.34	25.91	6.14	0.61	5.77

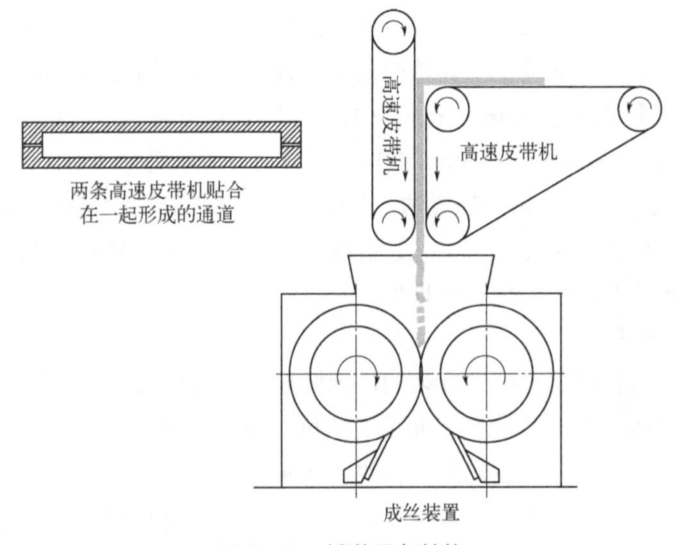

图 8-17　摊薄设备结构

3. 辊切成丝

切刀是辊切梗丝机的核心部件，它直接关系到辊切梗丝的加工质量、设备的生产能力、设备的稳定性、可靠性。图 8-18 为切丝装置，该装置由传动机构、切刀轴、分段式切刀、横梁、轴承座、梳齿等组成。分段式切刀串在刀轴上组成两根刀辊，两根刀辊互插入深度 2mm，形成许多辊刀，在传动机构带动下将动力传递给刀辊，刀辊相向转动，对送入两刀辊件的梗片进行辊切。经摊薄机构摊薄后的梗片落入切丝装置，经切丝装置辊切后，梗片就变成丝状梗丝。辊切下来的丝状梗丝藏在刀槽里，通过梳齿把藏在刀槽里的丝状梗丝刮出来。

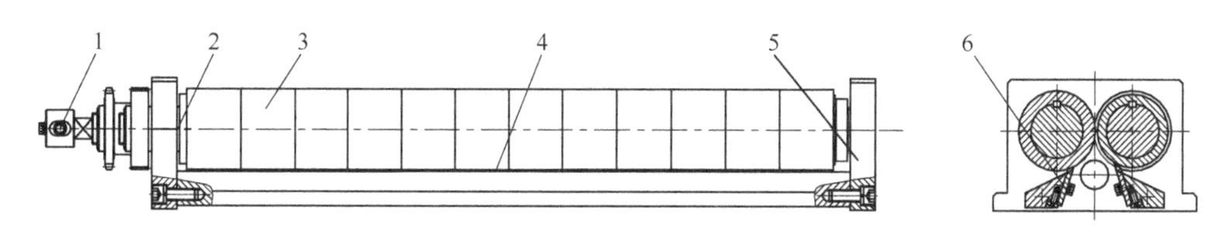

图 8-18　切丝装置结构

1—传动机构；2—切刀轴；3—分段式切刀；4—横梁；5—轴承座；6—梳齿

4. 梗丝筛分设备

梗片经辊切梗丝机切出来的辊切梗丝是长、短、碎丝及粉末的混合物，需经筛分设备将碎丝和粉末筛除，才能应用到产品中。

筛分过程要求将＞5mm 的长丝或异物剔除，≤1mm 的碎丝筛除。针对筛分工艺要求，选用振动筛分机就能满足。关键在于筛板的结构形式和筛板孔径规格的选择。筛板的结构形式主要有两种，一种是冲孔板，另一种是编织网板。由于切后辊切梗丝中含碎丝的比例较大，因此选用筛分效率高的编织网板。孔径确定上层筛板为（5×5）mm，下层筛板为（1.5×1.5）mm。其中上层可将跑片或丝团筛除，下层可将碎丝筛除。

（三）梗丝加工质量

梗丝出丝率、梗丝结构、填充值、切丝宽度合格率以及设备运行情况见表 8-7。由统计结果可知，烟梗辊切成丝的梗丝出丝率平均为 80.0%，整丝率平均为 62.5%，切丝宽度合格率达 99.8%，设备有效作业率达到 98.5%。

表 8-7　生产记录情况

批次	梗丝出丝率/%	梗丝结构/%		填充值/（cm^3/g）	切丝宽度合格率/%	有效作业率/%
		整丝率	碎丝率			
1	80.2	62.4	1.04	5.63	99.8	98.3
2	79.3	61.8	1.15	5.59	99.9	99.2
3	80.1	62.9	0.98	5.61	99.7	98.1
4	80.5	63.1	0.95	5.64	99.8	98.4
平均	80.0	62.5	1.03	5.62	99.8	98.5

（四）应用效果

1. 卷烟感官质量

对优化配方及原配方样品进行感官评价，结果见表 8-8。与优化前相比，牌号 1 香气和余味改善，感官质量得分提高 0.6 分。牌号 2 刺激性和余味改善，感官质量得分提高 0.5 分。

表 8-8　烟支感官评价记录表

规格	掺配比例/%	烟梗配方	光泽（5）	香气（32）	谐调（6）	杂气（12）	刺激性（20）	余味（25）	总分
牌号 1	5	原配方	5	29	5	10.5	17.5	22	89
	5	优化后	5	29.36	5	10.5	17.5	22.21	89.6
牌号 2	0	原配方	5	29.5	5	10.5	17.5	22.5	90
	5	优化后	5	29.5	5	10.57	17.71	22.71	90.5

2. 烟支物理指标

配方优化前后烟支物理指标检测结果见表 8-9。与原配方相比，吸阻标准偏差降低，分别降低 15.4%和 13.6%，硬度有所提高，硬度标偏分别降低 33.7%和 15.9%。

表 8-9　烟支物理指标检测结果

规格	掺配比例/%	烟梗配方	单支质量/g		总通风		吸阻/kPa		硬度/%		密度/（mg/cm^3）	
			均值	标偏	均值	标偏	均值	标偏	均值	标偏	均值	标偏
牌号 1	5	原配方	0.904	0.019	18.28	1.245	1.092	0.039	64.33	3.701	225.46	15.45
	5	优化后	0.905	0.023	18.47	1.226	1.095	0.033	64.79	2.453	224.67	14.66
牌号 2	0	原配方	0.537	0.011	36.94	1.641	1.504	0.066	58.22	3.920	172.41	16.32
	5	优化后	0.532	0.015	39.38	2.174	1.557	0.057	60.84	3.291	169.92	16.67

3. 烟支主流烟气

配方优化前后烟支主流烟气检测结果见表 8-10。配方优化前后牌号 1 梗丝比例未变，烟气质量无明显变化。牌号 2 梗丝比例增加，各项烟气指标均有所降低。

表 8-10　烟支主流烟气检测结果

规格	掺配比例/%	烟梗配方	抽吸次数（口/支）	一氧化碳释放量/（mg/支）	总粒相物释放量/（mg/支）	烟碱释放量/（mg/支）	水分释放量/（mg/支）	焦油释放量/（mg/支）
牌号 1	5	原配方	6.4	10.6	13.68	1.00	1.94	10.7
	5	优化后	6.2	10.6	14.08	0.98	2.07	11
牌号 2	0	原配方	6.0	6.4	11.42	0.85	1.78	8.8
	5	优化后	6.0	6.1	10.39	0.77	1.56	8.1

4. 烟支燃烧状态

配方优化前后烟支燃烧特性检测结果见表 8-11。由表 8-11 可知，配方优化后烟支燃烧锥体积、抽吸速率和最大燃烧速率均明显降低。牌号 1 烟支燃烧锥体积降低 11%，燃烧最高温度上升，特征温度降低，牌号 2 燃烧锥体积降低 34.4%，烟支燃烧最高温度下降，特征温度升高。

表 8-11　烟支燃烧状态（燃烧锥）检测结果

规格	掺配比例/%	烟梗配方	体积/mm^3	最高温度 T_{max}/℃	特征温度 $T_{0.5}$/℃	燃烧速率/（mm/s）		
						静燃	抽吸	最大
牌号 1	5	原配方	617.0	806.3	450.7	0.096	1.047	2.027
	5	优化后	549.2	818.9	439.4	0.099	0.855	1.717
牌号 2	5	原配方	410.6	897.0	444.0	0.096	0.968	2.237
	0	优化后	269.4	844.6	460.7	0.113	0.802	1.336

5. 配方成本

配方优化前后烟梗配方成本核算结果见表 8-12。由表 8-12 可知，牌号 1 由于滚切梗丝的出丝率比复切梗丝出丝率高，因此在相同的掺配比例下，配方较原配方成本降低 2.5 元/箱；牌号 2 使用 5%梗丝替代叶丝，单箱配方成本由 1952.7 元降低至 1861.1 元/箱，单箱节省成本 91.6 元。

表 8-12　配方成本

规格	掺配比例/%	烟梗配方	配方成本/（元/箱）
牌号 1	5	原配方	3912.7
	5	现配方	3910.2
牌号 2	0	原配方	1952.7
	5	现配方	1861.1

三、超薄压梗成丝技术

在常规切梗丝工艺中，烟草行业曾采用“热压冷切”“厚压薄切”的方法，采用“厚压”和“热压”的目的是防止烟梗纤维组织细胞结构在压梗过程中受到破坏，影响梗丝质量和出丝率；采用“薄切”和“冷切”工艺是为了保证切丝的质量和使梗丝具有较好的膨胀效果。压梗质量是影响梗丝形态的关键因素，传统压梗技术设计存在缺陷，且其压梗关键技术及其配套装备等方面原因，制约了丝状梗丝质量的提升。主要表现：一是烟梗预处理质量不适应压梗质量要求；二是压梗间隙等关键技术参数要求不明确；三是传统压梗设备压辊直径小，烟梗受压面积小，压后烟梗易回弹，梗片厚度波动大、均匀性差。压辊清理系统因设计存在缺陷，易导致压后烟梗“结饼、成团”等，影响梗丝质量及梗片形态的均匀性。

常规梗丝生产多采用两台并联式压梗机，压梗厚度相对较大，压后烟梗形变程度较小，易出现烟梗形变回弹、漏压烟梗、压梗“结饼”等问题，不能满足丝状梗丝加工要求。为改善压梗效果，采用新型串联式超薄压梗机，同时对烟梗前处理工序、梗丝干燥工序进行优化组合，达到改善梗丝形态，提高丝状梗丝产品质量的目的。超薄压梗成丝技术的核心是压梗，将烟梗压成厚度为 0.2mm 左右的梗片，以提高切丝时的成丝效果。表 8-13 为传统压梗机和超薄压梗机的特性对比。

表 8-13　传统压梗机、超薄压梗机特性对比

类别	压辊质量/t	额定生产能力/（kg/h）	压梗间隙/mm	来料控制方式
传统压梗机	1	1500	0.6～1.2	导流板
超薄压梗机	1.5	750～2000	0.2～1.5	匀料装置+光电管

超薄压梗机最小压梗间隙设计达 0.2mm，单台压梗机流量为 750kg/h，可满足超薄压梗工艺要求，适宜丝状梗丝加工生产；压梗机最小压梗间隙设计达 0.6mm，单台压梗流量为 1500kg/h，烟梗流量大，适宜加工梗片大、填充性较好的常规梗丝。

（一）工艺流程

超薄压梗成丝工艺的核心工序是压梗工序，但是该工艺需要对上下游工序的加工工艺进行相应的改变，其中较为典型和成熟的工艺见图 8-19。

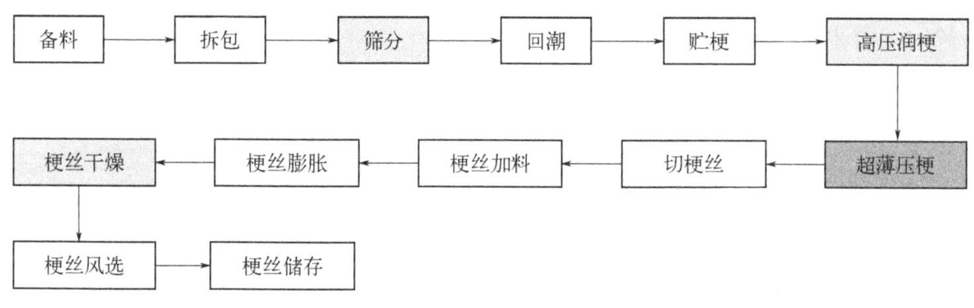

图 8-19 超薄压梗成丝工艺流程图

关键工序；核心工序

（二）关键技术

1. 烟梗筛分

烟梗来料细梗和烟拐含量见表 8-14。

表 8-14 烟梗来料细梗和烟拐含量

序号	样本量/g	细梗		烟拐	
		质量/g	比例/%	质量/g	比例/%
1	1009	149	14.8	34	3.4
2	1021	144	14.1	40	3.9
3	998	138	13.8	33	3.3
4	972	123	12.7	31	3.2
5	1102	168	15.2	37	3.4
6	1078	158	14.7	40	3.7
7	982	129	13.1	37	3.8
8	1001	144	14.4	31	3.1
9	988	155	15.7	35	3.5
10	1106	163	14.7	40	3.6
均值	—	—	14.3	—	3.5

由表 8-14 可知，烟梗来料中细梗、烟拐所占比例分别为 14.3%、3.5%，两者含量约占 18%，此类烟梗经压梗后，容易出现细梗漏压、粗烟拐压破现象，切丝后成丝效果差，多呈圆片状或碎末。因此，在投料阶段要将烟梗中的细梗和粗梗拐尽量筛除。

细梗相对比较容易筛除，粗梗拐的筛除比较困难，目前较多采用的方法是滚筒筛，由两层筒体筛面构成，其结构复杂、空间密闭、维修保养困难。若筛分尺寸需求发生变化，需要整体更换筛体，成本较高。高频阶梯式烟梗分选筛是专门针对烟梗中的细梗和梗拐开发的一种新型烟梗筛分设备[4]（图 4-13 和图 8-20），该装置由条形筛网、槽体、固定架、弹性振动支撑固定支架、弹性振动支撑件、二次减震装置、支腿、振动电机、烟梗出口及烟梗导流板构成。

图 8-20　高频阶梯式烟梗分选筛样机

分选筛工作原理：烟梗经充分匀料后，进入第一级筛分槽体，烟拐及烟梗在条形筛上翻滚并向前移动，合格烟梗、直径较小的细梗通过条形筛缝落下，经出料口进入第二级槽体，而直径较大的烟拐，在条形筛面上向前移动，直至与前方烟拐导流板汇合，经烟拐出口送出。合格烟梗与细梗进入第二级槽体后，可选择性筛出细梗，工作原理与烟拐筛分基本相同，最终实现合格烟梗与烟拐、细梗的有效分离。

高频阶梯式烟梗分选筛在工作时具有以下特点：一是采用振动电机能耗低，故障率低，更加方便。二是分选筛在高频低强度激振力作用下往复运动，单位时间内，烟梗抛撒频次较多，可实现烟梗在筛网上均匀分布。三是多组条形筛呈阶梯式安装，可以规避因条形筛过长而引起变形量过大的问题，提高筛分精度；同时可以使插入筛孔的烟拐在移动一段距离后离开筛孔，大大降低堵塞筛孔的概率，所占用空间更小；且烟梗通过阶梯界面时，因高度落差可以上、下层翻转，有利于烟梗充分筛选。四是筛体振动频率介于 20～50Hz，可根据烟梗来料流量、烟梗直径分选需求进行调节，满足不同工艺条件下的筛分效率。五是条缝间隙介于 3～10mm，可根据烟梗筛分工艺要求进行更换，以满足烟拐与细梗的分选要求。细梗、烟拐筛分结果统计见表 8-15。

表 8-15　细梗、烟拐筛分结果统计

序号	投料量/kg	筛出率/%	筛净率/%	
			细梗	烟拐
1	1800	10.8	96.3	89.2
2	1800	13.7	94.5	90.6
3	1800	13.2	95.6	88.8
4	1800	11.6	94.7	91.2
5	1800	12.7	96.1	90.4
6	1800	11.9	95.5	87.6
7	1800	11.6	96.4	88.6
8	1800	12.1	95.4	90.5
9	3600	13.4	94.3	90.7
10	3600	12.3	96.6	89.9
均值	—	12.33	95.5	89.8

由表 8-15 可知，高频阶梯式分选筛的在线细梗、烟拐筛净率平均为 95.5%、89.8%，相对传统分选筛其筛出效果高，且各批次烟梗的筛净率相对稳定，有效保障了丝状梗丝加工烟梗的来料质量。

2. 烟梗回潮

超薄压梗工艺除了对来料烟梗结构尺寸要求较高，对烟梗回潮也有较高要求。烟梗含水率过高或过低、水分不均匀或回潮不透，会影响压梗效果，易导致压梗过程中烟梗破碎或者压不到规定的厚度。较为理想的回潮工艺是采用滚筒回潮和高压润梗相结合的方式实现烟梗的超级回潮。一方面滚筒回潮可以对加水量进行精确控制，另一方面高压回潮可以有效促进水分的渗透，同时也能将烟梗适度膨胀，降低烟梗的密度，更利于烟梗压制。

WQ333 型烟梗回潮机（图 8-21）主要有如下技术特点：一是滚筒长径比大，利于水分吸收；二是相对于洗梗机，滚筒式烟梗回潮机加水量可控，回潮烟梗水分控制能力强；三是采用多喷嘴加水，使烟梗水分更加均匀；四是施加水为 90℃热水，更利于烟梗吸收。

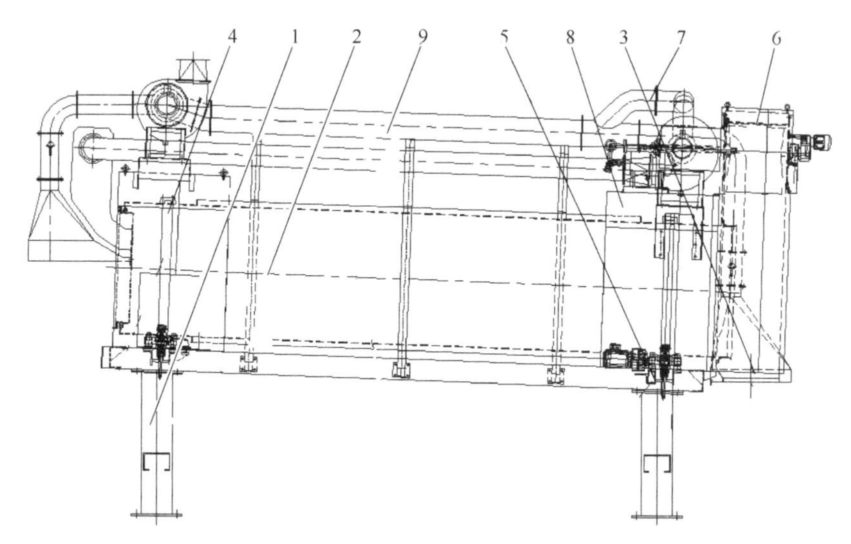

图 8-21　WQ333 烟梗回潮机

1—机架；2—滚筒；3—出料罩；4—进料罩；5—主传动机构；6—清扫装置；7—排潮风道；8—出料支架；9—热风系统

表 8-16 为 WQ333 型烟梗回潮机关键技术条件和质量指标，可以看出该回潮筒对回潮后的烟梗含水率和温度控制精度较好。

表 8-16　烟梗回潮关键技术条件和质量指标

指标	要求	最大值	最小值	平均	标偏	过程能力指数（Cpk）	合格率/%
工艺流量/（kg/h）	2000±10	2001.10	1999.15	2000.00	0.30	—	100
回风温度/℃	80±3	80.30	79.81	80.00	0.10	—	100
出料含水率/%	26.5±2.0	28.75	24.89	26.10	0.48	1.11	100
出口温度/℃	65±3	66.68	63.00	63.76	0.48	1.22	100

3. 高压润梗

高压润梗工艺及设备详见第四章。烟梗经过高压润梗机的高温高压处理后，水分均匀性好，组织适度膨胀，密度下降，机械强度降低，更有利于超薄压梗的实现。

4. 超薄压梗

传统压梗机存在以下缺点：一是压梗间隙等关键压梗参数不明确，压梗间隙过低时，烟梗纤维组织细胞结构在压梗过程中易遭到不可逆破坏，严重影响梗丝质量和出丝率；二是传统压梗机压梗能力有限，最低压梗间隙设定仅为 0.6mm，无法满足丝状梗丝加工要求，而且在较低压梗间隙时，易引起压梗机频繁堵料，导致梗丝宽度均匀性较差；三是传统压梗机压梗效果不佳，烟梗经较低压梗间隙处理后，梗片未发生塑性形变，易反弹，造成梗片厚度不均匀，影响梗丝质量及形态均匀性。因此采用超薄压梗技术，超薄压梗工艺流程见图 8-22。

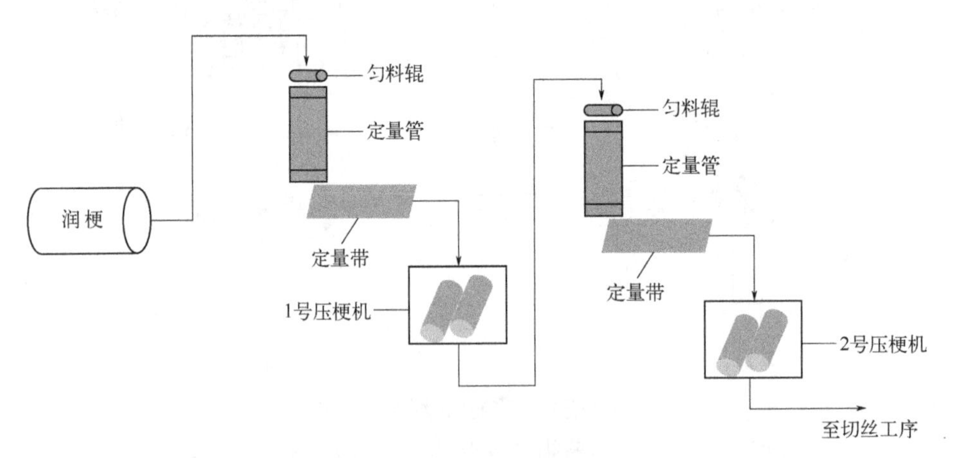

图 8-22　超薄压梗工艺流程

（1）超薄压梗系统构成

图 8-23 为超薄压梗系统，该系统主要由烟梗匀料设备（匀料装置、恒流量装

置、进料振槽）和超薄压梗机组成，烟梗匀料设备主要包括匀料装置、限量管、定量带、振动输送机以及安装在超薄压梗机的溜料板组成。

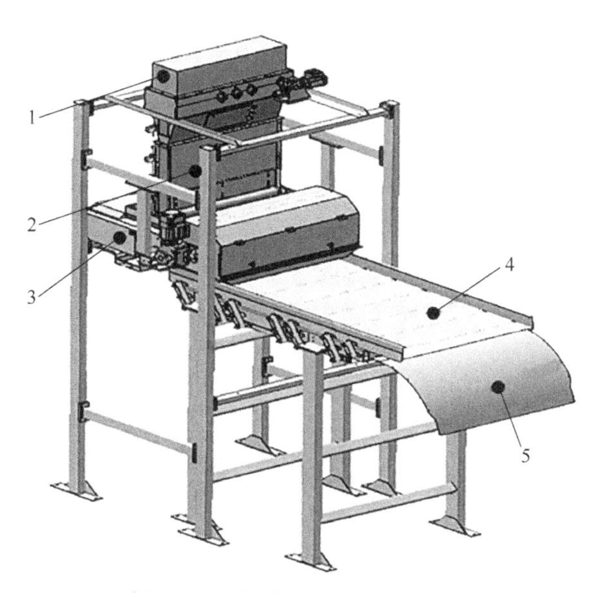

图 8-23　超薄压梗系统匀料设备

1—匀料装置；2—限量管；3—定量带；4—摊薄振槽；5—溜料板

① 匀料设备。图 8-24 为匀料装置，该装置主要由机架、摆动执行机构、匀料板、减速机、进料罩等组成。

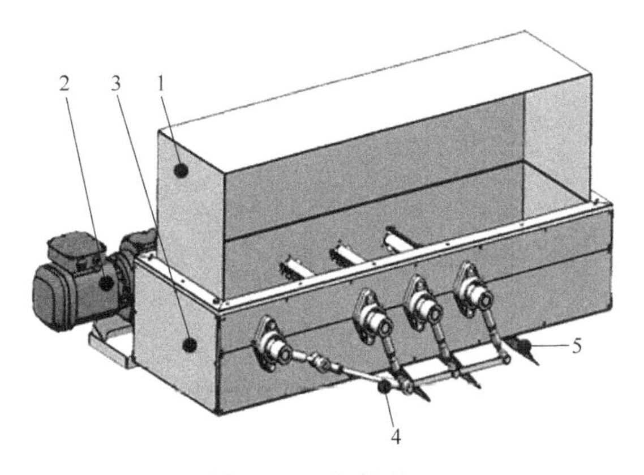

图 8-24　匀料装置

1—进料罩；2—减速机；3—机架；4—摆动执行机构；5—匀料板

摆动执行机构为曲柄摇杆机构与平行四边形机构的复合机构，由减速机进行驱动。为保证烟梗在宽度方向分布均匀，曲柄摇杆机构按照行程速比系数为 1 进行设计，摇杆驱动匀料板的左右摆动角度一致。通过在曲柄摇杆机构复合一套平行四边形机构，将摇杆的摆动轨迹复制到另两根安装有匀料板的轴上，从而实现了烟梗的均匀分布。

② 限量管。图 8-25 为限量管，该设备主要由以下几部分组成：斜出料斗、检修门、对射光电管、侧板、调节支架前后板、调节活门等。区别于一般限量管，为了控制烟梗体积流量并尽量将烟梗铺平，该限量管的宽度设计为 1100mm，厚度仅为 100mm，烟梗经限量管定量控制落入定量带时，烟梗料层得以充分摊薄，体积流量稳定、波动小，为后续料层在振动输送机均匀输送提供了条件。

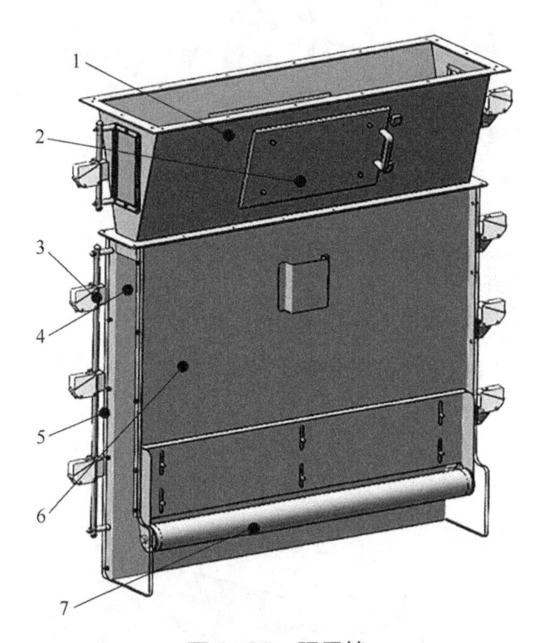

图 8-25 限量管

1—斜出料斗；2—检修门；3—对射光电管；4—侧板；5—调节支架；6—前后板；7—调节活门

③ 定量带。图 8-26 为定量带，主要由输送带、主动辊、集尘装置、头部刮刀、尾部刮刀、挡料板、卸料罩、减速机等部分组成。定量带不根据烟梗质量进行控制，而采用体积流量控制模式，其控制方法是根据后端超薄压梗机的压梗间隙设定烟梗的质量流量，通过烟梗堆积密度计算，确定待加工烟梗的体积流量，在限量管出料高度恒定且等于其厚度的条件下，计算出定量带的输送速度。在超

薄压梗机压梗间隙不变的条件下，定量带输送烟梗的速度也恒定不变，从而实现了烟梗的体积恒流量控制。

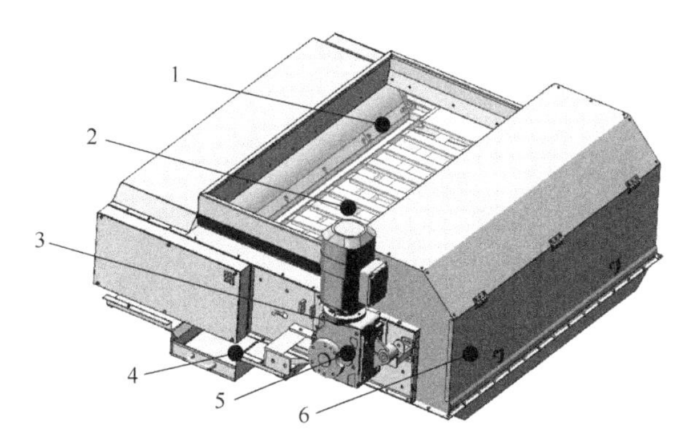

图 8-26 定量皮带

1—从动轴；2—输送带；3—减速机检修口；4—集尘槽；5—主动轴；6—卸料罩

④ 振动输送机。图 8-27 为振动输送机，主要由槽体、摇杆机构、传动装置、平衡体、机架等组成。振动输送机弹臂设计比例为 1∶1，振动频率高、振幅小，能够使烟梗均匀覆盖在槽体上，平稳向前输送。振动输送机槽体为光板，未焊接有翅片、导流板等疏导装置，既保证了物料输送的均匀性，同时又简化了结构，降低了制造加工难度及故障风险。

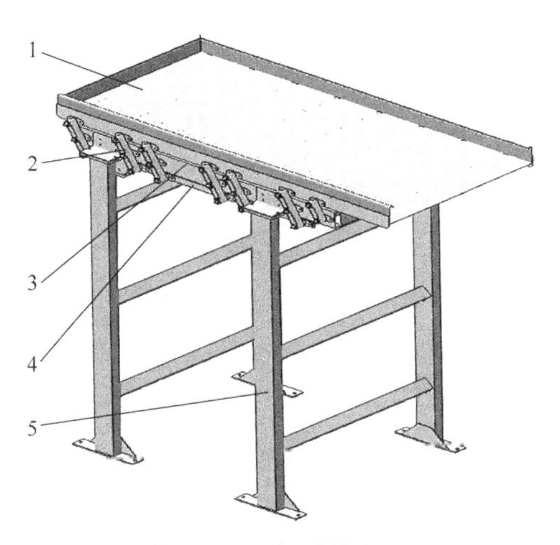

图 8-27 振动输送机

1—槽体；2—摇杆机构；3—传动装置；4—平衡体；5—机架

⑤ 溜料板。图 8-28 为溜料板，溜料板安装于超薄压梗机进料口，外形为变曲率的弧形板。由于溜料板的曲率逐渐减小，烟梗在沿着溜料板下落的过程中，其重力垂直于溜料板的分力逐渐减小，烟梗所受的摩擦力也逐渐减小，下落加速度逐渐提高，速率变化更快，实现了烟梗的分离排队，形成不重叠的物料帘。

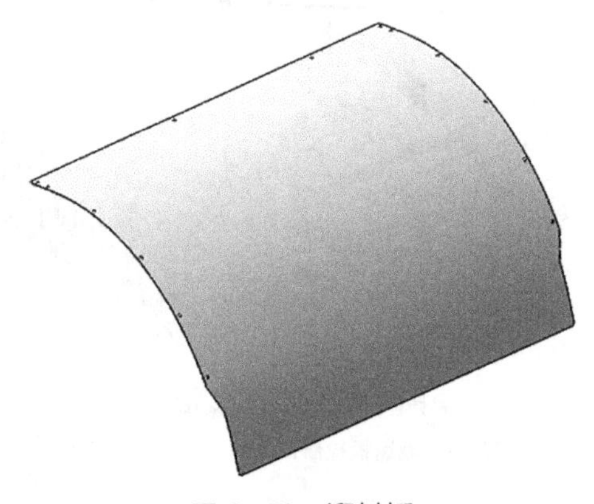

图 8-28　溜料板

（2）超薄压梗主要工艺参数

① 压梗间隙对压梗质量的影响见表 8-17。

表 8-17　不同压梗间隙的压梗效果对比

项目	方案 1	方案 2	方案 3	方案 4	方案 5
压梗间隙/mm	0.8	0.5	0.4	0.3	0.25
压梗效果	压梗间隙偏大，压后烟梗未充分延展，且有漏压烟梗	二次压梗间隙略减小，漏压细梗减少，较粗梗及烟拐表皮破损	多数烟梗表皮破损，梗纤维组织已压烂，造碎大	烟梗表皮完整，基本是薄片状，形变效果良好	烟梗已粉碎，纤维组织破坏

由表 8-17 可知，在不同压梗组合方式及压梗间隙加工条件下，压后烟梗形变效果产生明显差异。对比各试验组合压梗质量可知，压梗间隙调整为 0.3mm 时，压后烟梗表皮及纤维组织保持完好，呈均匀的薄片状，厚度为 1.0mm±0.1mm，压梗形变效果可较好满足烟梗成丝加工要求。

② 压梗流量对压梗质量的影响见表 8-18。

表 8-18　不同流量压梗形变效果

定量带频率/Hz	6	定量带频率 8	定量带频率 10
压梗流量/（kg/h）	1200	2000	2500
压梗效果			
	压梗效果良好,压后烟梗呈薄片状	压后效果较好，但出现少量漏压烟梗	短梗、细梗漏压增多，呈圆柱状

压梗流量对压梗质量有一定的影响作用，流量较大时，会存在多根烟梗重叠进入压辊间隙的现象，导致部分烟梗过度挤压造成纤维破裂、粉碎或部分烟梗未经有效挤压而漏压。

由表 8-18 可知，压梗流量对压梗形变影响较显著，当压梗前定量带频率为 6Hz 时，对应压梗流量约 1200kg/h，烟梗压后成薄片状且表皮完整，形变效果较好。提高定量带频率，压梗流量增加至 2000kg/h，少量烟梗漏压，流量增加至 2500kg/h，短梗、细梗漏压增多，呈圆柱状。综合比较，初步确定适宜的压梗流量为 1200kg/h。

③ 烟梗含水率对压梗质量的影响见表 8-19。压梗前烟梗进料含水率是影响压梗效果的关键因素之一。在压梗方式、压梗间隙、压梗进料流量一定的条件下，研究压梗前烟梗进料含水率对烟梗形变的影响。

表 8-19　压梗前不同烟梗含水率压后效果分析

烟梗含水率/%	＞31	30±0.5	＜29
压梗效果			
	烟梗形态破坏严重，表皮裂纹多，纤维压烂，颜色转深	烟梗形态完整，呈薄片状，表皮光滑裂纹较少	烟梗表皮裂纹多，表皮与内部纤维色泽差异，挤压后易粉碎

由表 8-19 可知，压梗前烟梗含水率对压梗效果影响较显著。含水率过大（＞31%），纤维素充分溶胀，分子间结合力显著下降，在一定的挤压力下会挤溃；含水率过小（＜29%），纤维素溶胀不够，延展性不好，在一定的压力下，会导致破裂、粉碎。压梗前烟梗含水率为 30%±0.5%时压梗形变效果较好，形态完整，呈现薄片状。

5. 切梗成丝

切梗是烟梗形变成丝的主要工序，不同切梗厚度对烟梗成丝形态及造碎等有着重要影响。

由表 8-20 可知，切梗厚度为 0.1mm 时，宽度大于 2mm 的梗丝占一定比例，梗丝宽度不均匀，存在部分片状梗丝；切梗厚度为 0.09mm 时，烘后梗丝形态变化较显著，丝状梗丝比例增加，梗丝呈细条丝状，宽度介于 1.0～1.5mm，且均匀一致；切梗厚度降至 0.08mm 时，梗丝呈碎丝状，造碎严重；切梗厚度设定为 0.07mm 时，切梗丝机排链电机频率达 1000r/min，超出切丝机最大设计能力，排链电机报警，停止进料，无法组织生产。

表 8-20　不同切梗丝厚度对应烘后梗丝形态对比

切梗厚度/mm	0.10	0.09	0.08
烘后梗丝形态			
	宽度大于 2mm 的梗丝占一定比例，存在少量片状梗丝	梗丝呈细条丝状，宽度介于 1.0～1.5mm，且均匀一致	梗丝呈碎丝状较多，细短梗丝较多，造碎大

由表 8-21 可知，切梗厚度对梗丝的整丝率、碎丝率影响显著，随着切梗厚度降低，梗丝整丝率呈下降、碎丝率呈上升趋势，综合比较梗丝形态、整丝率及碎丝率可知，适宜丝状梗丝加工的切梗厚度确定为 0.09mm，烘后梗丝呈均匀一致的细条丝状，宽度介于 1.0～1.5mm，成品梗丝整丝率（＞2.5mm）达 70%以上，可以满足丝状梗丝加工要求。

表 8-21　不同切梗丝厚度对应成品丝状梗丝物理指标

切丝厚度/mm	成品梗丝比例/%				整丝率/%	水分/%	填充值/（cm^3/g）
	＞3.35mm	2.34～3.35mm	1.0～2.5mm	＜1.0mm			
0.1	30.73	41.36	25.55	2.36	72.09	12.85	6.8
0.09	29.3	41.3	32.45	2.95	70.6	12.92	6.75
0.08	27.56	40.51	27.62	4.31	68.07	12.89	6.64

（三）应用效果

1. 卷烟物理指标

不同丝状梗丝掺兑比例的成品卷烟物理指标如表 8-22。

表 8-22　不同丝状梗丝掺兑比例成品卷烟物理指标对比

指标	梗丝掺配比例%	均值	标准偏差
单支质量/g	0	0.5161	0.015
	3	0.5164	0.014
	5	0.5141	0.014
	7	0.5136	0.015
	10	0.5132	0.013
单支吸阻/Pa	0	1824	105
	3	1929	93
	5	1942	97
	7	1990	88
	10	2018	95
单支硬度/%	0	56.72	3.11
	3	56.96	2.64
	5	57.12	2.82
	7	57.22	2.97
	10	57.35	2.88
含末率/%	0	2.29	
	3	2.53	
	5	2.62	
	7	2.69	
	10	2.70	
端部落丝量/mg	0	3	
	3	2.1	
	5	2.3	
	7	2.5	
	10	2	

由表 8-22 可知，梗丝掺兑比例为 3%、5%时，烟支质量、吸阻标准偏差数据均明显小于其他比例梯度样品，说明了单支质量、吸阻稳定性较好，掺兑小比例梗丝（3%～5%）有利于提升物理指标控制水平。

2. 卷烟主流烟气

不同丝状梗丝掺兑比例成品卷烟的主流烟气化学指标如表表 8-23 所示。

表 8-23　不同梗丝掺兑比例成品卷烟主流烟气对比

指标	掺兑比例	均值	标准偏差	p 值	指标	掺兑比例	均值	标准偏差	p 值
总粒相物 /（mg/支）	原样	11.57	0.50	—	焦油 /（mg/支）	原样	8.60	0.26	—
	3%	11.24	0.43	0.42		3%	8.31	0.24	0.03
	5%	10.92	0.23	0.12		5%	8.22	0.25	0.03
	7%	10.82	0.12	0.03		7%	8.19	0.39	0.02
	10%	10.70	0.24	0.02		10%	8.12	0.36	0.03
烟气水分 /（mg/支）	原样	2.17	0.15	—	烟碱 /（mg/支）	原样	0.78	0.28	—
	3%	2.08	0.12	0.03		3%	0.76	0.14	0.61
	5%	1.97	0.21	0		5%	0.73	0.04	0.24
	7%	1.90	0.12	0		7%	0.72	0.23	0.15
	10%	1.86	0.12	0		10%	0.71	0.12	0.10
抽吸口数 /（口/支）	原样	5.2	0.13	—	一氧化碳 /（mg/支）	原样	8.17	0.43	—
	3%	5.1	0.10	0.35		3%	7.92	0.30	0.46
	5%	4.9	0.11	0		5%	7.86	0.28	0.36
	7%	4.8	0.18	0		7%	7.84	0.44	0.38
	10%	4.7	0.22	0		10%	7.72	0.36	0.21

由表 8-23 可知，随着梗丝掺兑比例逐渐增加，主流烟气各项指标呈现出下降趋势。在总粒相物上，7%和 10%的丝状梗丝掺兑比例均与原样呈现出显著差异（$p<0.05$）；在烟气水分含量和抽吸口数上，5%、7%和 10%的丝状梗丝掺兑比例均与原样呈现出极显著差异（$p=0$）；与原样相对比，各指标在烟碱与一氧化碳含量上均未表现出显著差异；其中，丝状梗丝掺兑比例 3%的成品卷烟主流烟气各项指标与原样没有表现出显著性差异。综合来看，丝状梗丝的添加，能够有效地起到减害降焦作用。

3. 卷烟感官质量

不同丝状梗丝掺兑比例的成品卷烟样品和原样进行对比评吸，结果如表 8-24 所示。

表 8-24　不同梗丝掺兑比例成品烟感官评吸对比

掺兑比例	光泽	香气	谐调	杂气	刺激性	余味	总分
0（原样）	5	27.67	5	10.61	17.50	21.39	87.17
3%	5	27.59	5	10.61	17.38	21.44	87.02
5%	5	27.34	5	10.50	17.28	21.39	86.51
7%	5	27.28	5	10.44	17.22	21.22	86.17
10%	5	27.17	5	10.50	17.11	21.22	86.00

注：该细支烟产品感官设计值为 87 分。

由表 8-24 可知，随着丝状梗丝掺兑比例增加，卷烟样品的评吸总分逐渐降低，其中掺兑 3%丝状梗丝卷烟样品的评吸得分与原样较为接近，差异主要体现在香气略有减少，刺激性稍有增加。与掺兑 5%丝状梗丝卷烟样品相比，掺兑 3%丝状梗丝卷烟样品的杂气小，余味更加干净、舒适。当丝状梗丝的掺兑比例上升至 7%时，卷烟样品的香气稍弱，杂气较明显，刺激性稍大；当丝状梗丝的掺兑比例上升至 10%时，卷烟样品的香气不足，刺激性较大。综合比较得出，掺兑 3%丝状梗丝卷烟样品得分与原样较为接近，且其余味有所改善。

从不同梗丝掺兑比例的烟丝结构、烟支物理指标、主流烟气成分和感官质量对比发现，丝状梗丝掺兑比例为 3%～5%时，样品的烟丝结构、主流烟气成分与卷烟感官质量较原样没有表现出明显差异，但单支质量、吸阻标准偏差明显降低，物理指标控制水平相对有所提升。因此，丝状梗丝适宜的掺兑比例为 3%～5%。

四、盘磨成丝技术

植物材料盘磨成丝技术广泛应用于制浆、造纸和人造纤维板生产等工业领域，采用的设备是盘磨机。盘磨机的工作原理是：需要处理的植物材料在外力作用下进入相对转动的两个圆盘间，由于圆盘运动，材料之间和材料与圆盘之间产生摩擦和搓碾，使得材料从结构薄弱处分丝断裂，最后受离心力的作用从圆盘周围排出。

在烟草行业，烟梗盘磨成丝技术早已应用于造纸法再造烟叶的生产中，特点是：烟梗经过前期疏解，其中的水溶性物质进入水相，所得萃取液浓缩后回填；所得的烟梗纤维经过多级盘磨机进一步分丝，分丝时物料浓度较低，一般在 10%以下，最终梗丝细小，需进一步成型为纸张状再切丝使用。

烟梗直接盘磨成丝技术是指利用盘磨机把烟梗在高浓度条件下成丝，特点是：烟梗成丝物料浓度高，一般大于 40%（即含水率小于 60%），没有萃取物溢出；梗丝外观成丝状，尺寸接近烟丝，无须再次成型，干燥后即可使用。早期的研究报道基本来源于国外，先后有美国烟草公司[5]、乐富门铂尔曼加拿大公司[6]和布朗威廉烟草公司[7-8]等进行过相关尝试。

美国烟草公司[5]研究了一种烟梗纤维化的方法：首先调节烟梗含水率为 10%～50%，保持温度 115～170℃和压力 10～100psi（1psi = 6.89Pa）的条件 0.1～5min，然后采用盘磨机成丝；该方法采用了高温高压的苛刻条件，应用难度较大，接下来的研究，就有人对其进行了改进。乐富门铂尔曼加拿大公司介绍了一种盘磨梗丝的制备工艺[6]：烟梗在 15～90℃的温水中预处理，使其含水率达到 30%～60%，盘磨机在常温常压条件下运行。布朗威廉烟草公司[7-8]也公开了一种改进后的烟草处理方式：把烟梗加湿，使其含水率达到 20%～80%，最好是 55%，采用 Bauer Bros 盘磨机或 Sprout Waldron 盘磨机，在常温常压条件下运行。

在国内，湖南中烟工业有限责任公司开发了成熟的烟梗盘磨成丝技术，建立了国内首条盘磨梗丝常温常压生产线，该生产线于 2017 年投入使用。

（一）盘磨梗丝生产流程

盘磨梗丝生产线与传统切梗梗丝生产线的重要区别在于烟梗形变，前者采用盘磨机把经过预处理的烟梗磨制成丝，后者采用切梗机切片，而其余工序基本相同。盘磨梗丝生产线采用两台盘磨机串联，烟梗经过一级盘磨机分丝，出料后经过筛分，形态合格的梗丝直接进入缓存柜，粗梗丝进入二级盘磨机进一步分丝，然后经过后续加料、膨胀、干燥、风选和加香，即得成品盘磨梗丝。具体流程如图 8-29 所示。

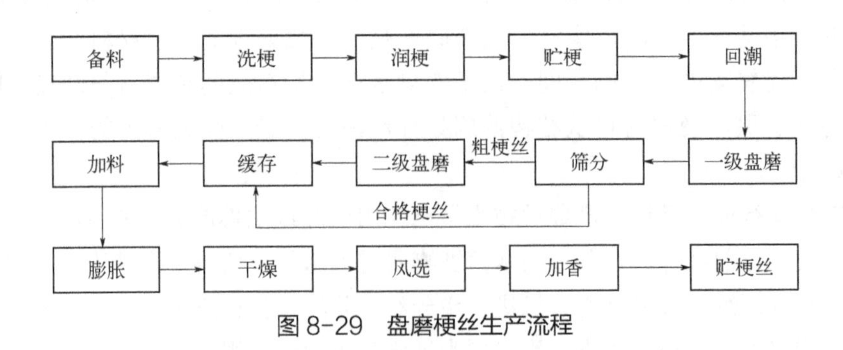

图 8-29　盘磨梗丝生产流程

（二）盘磨成丝设备

1. 盘磨机

盘磨机即圆盘磨浆机，是一种连续的打浆设备。根据疏解时物料浓度不同，分为低浓、中浓和高浓盘磨机。在造纸行业一般采用低浓和中浓盘磨机，而在制浆和人造纤维板生产中多采用高浓盘磨机。高浓盘磨机的典型代表是热磨机，由瑞典人 Arne Asplund 于 1931 年发明，是在高温高压条件下将木片等植物材料分离成纤维的一种连续式分离设备。国外知名度较高的热磨机制造商有芬兰美卓公司、奥地利安德里兹公司和德国帕尔曼公司。近年来随着我国中高密度纤维板产业的发展，热磨机也得到了快速进步。目前国内热磨机制造商的代表为镇江中福马机械有限公司（以下各图由该公司提供），既可生产高温高压条件下工作的热磨机，也可生产在常温常压条件下工作的普通盘磨机。

盘磨机结构如图 8-30 盘磨机结构示意图所示，主要由缓冲仓、物料运输系统、主机、主电机、整体机座、液压润滑系统和密封冷却系统组成，各部件之间通过可编程逻辑控制器进行动作协调。

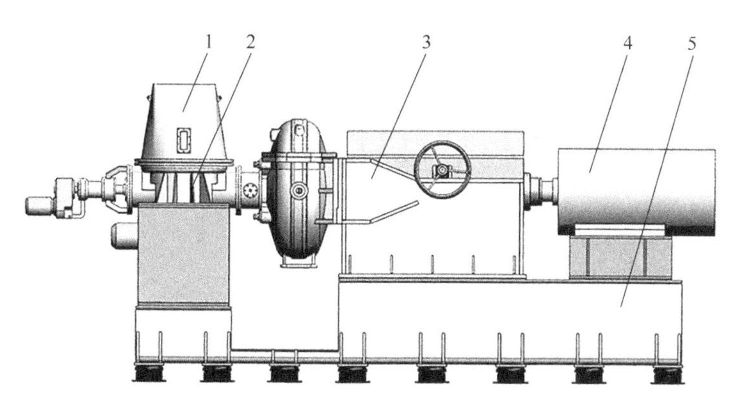

图 8-30　盘磨机结构示意图

1—缓冲仓；2—物料运输系统；3—主机；4—主电机；5—整体机座

机械组成部分介绍如下：

① 缓冲仓。其作用是存储前段工序处理后的烟梗，烟梗只有在缓冲仓内存储到一定体积后才能保证缓冲仓下部运输系统均匀地向主机进料。缓冲仓上设有观察窗，可以观察烟梗在仓内的下料情况。

② 物料运输系统。结构如图 8-31 物料运输系统结构示意图所示，主要由螺旋轴、连接管、搅拌座、搅拌轮、轴箱托架、搅拌电机和运输螺旋电机组成。搅

拌锅内部装有以恒定转速旋转的搅拌轮，其作用是将前段工序送来的烟梗连续不断地拨到运输螺旋中。拨料轮呈S形结构，有助于物料均匀输送到运输螺旋中，并能减小物料对搅拌轴的阻力，从而减轻对搅拌电机的冲击，减小电机的电流波动，增加电机使用寿命。运输螺旋转速可以根据烟梗含水率、磨片新旧程度、梗丝形态和产量等要求通过变频电机进行调整。

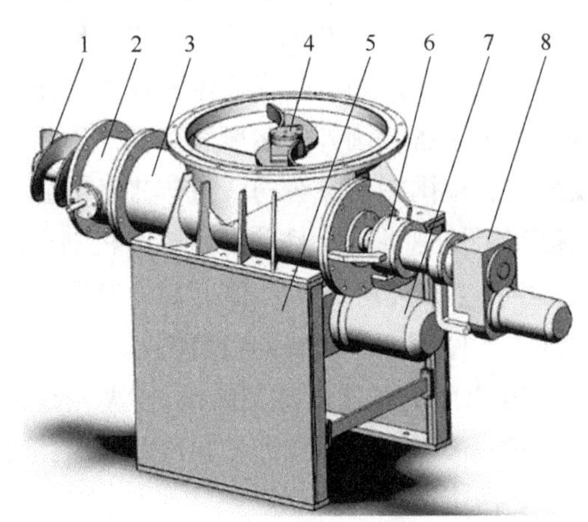

图 8-31　物料运输系统结构示意图

1—螺旋轴；2—连接管；3—搅拌座；4—搅拌轮；5—机座；6—轴箱托架；7—搅拌电机；8—运输螺旋电机

③ 主机。结构如图 8-32 所示，包括磨室体、螺旋衬管、磨室盖、磨盘组件、机械密封、主轴组件、磨盘间隙微调组件和联轴器。

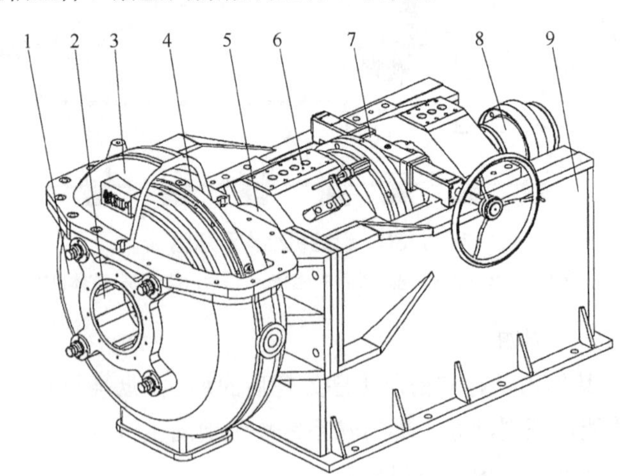

图 8-32　盘磨机主机结构示意图

1—磨室体；2—螺旋衬管；3—磨室盖；4—磨盘组件；5—机械密封；6—主轴组件；7—磨盘间隙微调组件；8—联轴器；9—机座

磨室体是盘磨机中的重要组成部分，结构如图 8-33 所示，包括进料口、静盘、固定在静盘上的磨片、动盘、固定在动盘上的磨片、拨料轮、主轴和出料口。磨片结构是影响盘磨梗丝形态的重要因素，单组磨片由位置相向的静盘磨片和动盘磨片构成，盘磨机运行时动盘磨片在主电机带动下高速转动，而静盘磨片固定不动。磨片结构如图 8-34 所示，一般包括破碎区、粗磨区和精磨区。磨片结构参数主要包括齿长度、齿宽度、齿与齿之间形成的齿槽宽度和齿斜度（齿与磨片半径之间形成的夹角）。在盘磨梗丝生产中，应针对不同物料和盘磨梗丝的形态要求，制作具有不同结构参数的磨片。

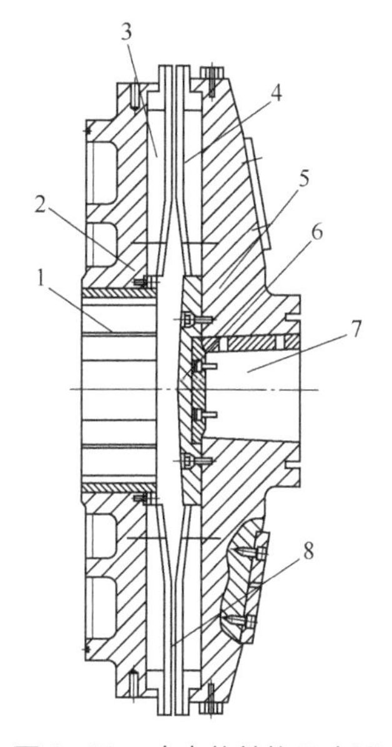

图 8-33　磨室体结构示意图

1—进料口；2—静盘；3—静盘磨片；4—动盘磨片；5—动盘；6—拨料轮；7—主轴；8—出料口

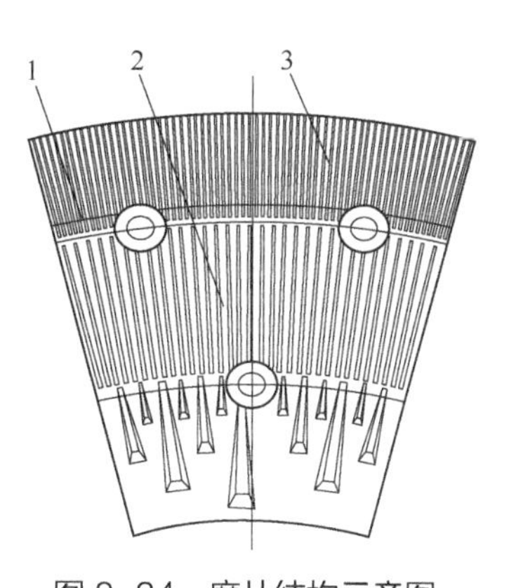

图 8-34　磨片结构示意图

1—破碎区；2—粗磨区；3—精磨区

磨室体与主轴之间设有机械密封，用来密封磨室体内的纤维和蒸汽；机械密封上有一组高压水通入密封内腔来冷却和润滑机械密封。

磨盘间隙微调组件用来保证物料分丝时所需的间隙并实现磨盘的微动进给。

2. 盘磨机性能

烟梗经过各工序预处理，使其含水率达到 40%以上；如后续干燥能力强，适当提高烟梗的含水率有助于降低梗丝的碎丝率。利用安装有特定结构磨片的盘磨机生产盘磨梗丝，盘磨机主要参数的调节范围见表 8-25。启动盘磨机，首先调节两级盘磨机中动盘和静盘之间的零点位置，即间距归零，然后调节动盘和静盘之间的间距至表 8-25 中范围。在实际操作中，可根据烟梗预处理后的含水率和梗丝形态要求调整盘磨机各参数。

表 8-25　盘磨机主要参数的调节范围

设备运行参数	单位	参数调节范围
进料螺旋转速	r/min	200～270
盘磨机转速	r/min	1300～1500
一级盘磨机中的磨片间距	mm	0.30～0.40
二级盘磨机中的磨片间距	mm	0.40～0.50

（三）烟梗原料要求

烟梗原料可以分为上部梗、中部梗和下部梗，其大小、结构和化学组成有较大差异（下部梗一般放弃使用）。

选取同一地区同一品种（湘茶陵云 87）的上部烟叶 B_2F、中部烟叶 C_2F、中部烟叶 C_3F 和中部烟叶 C_4F，去掉叶肉和细脉，分析烟梗（主脉）化学成分，结果见表 8-26，结果显示 B_2F 烟梗的总糖和还原糖明显低于 C_2F、C_3F 和 C_4F，总碱和总氮则相反；C_2F、C_3F 和 C_4F 之间各成分差异较小。

表 8-26　烟梗原料化学成分分析

烟梗名称	总糖/%	还原糖/%	总碱/%	总氮/%
B_2F	9.12	7.53	1.00	1.68
C_2F	14.63	11.58	0.91	1.49
C_3F	16.63	13.10	0.76	1.57
C_4F	18.36	14.54	0.76	1.49

上部梗和中部梗的大小测定结果见表 8-27。结果显示，B_2F 烟梗上部最宽处的平均宽度为 10.80mm，大于 C_2F、C_3F 和 C_4F 烟梗；B_2F 烟梗中部的平均宽度同样大于 C_2F、C_3F 和 C_4F 烟梗。从最终的梗丝形态来看，由于上部烟梗的木质化程度高于中部烟梗，烟梗分丝困难，造成 B_2F 梗丝中的片状梗丝多于中部烟梗梗丝，见图 8-35 中颜色较浅的梗丝。把各梗丝分别制备成卷烟，评价感官质量，结果显示 B_2F 梗丝的感官质量低于各中部梗丝。

表 8-27　烟梗原料尺寸

烟梗名称	烟梗上部宽度/mm			烟梗中部宽度/mm
	平均宽度	最大值	最小值	平均宽度
B_2F	10.80	13.87	7.68	3.96
C_2F	9.31	13.47	6.08	3.43
C_3F	9.41	13.46	6.01	3.37
C_4F	8.64	11.86	4.58	3.22

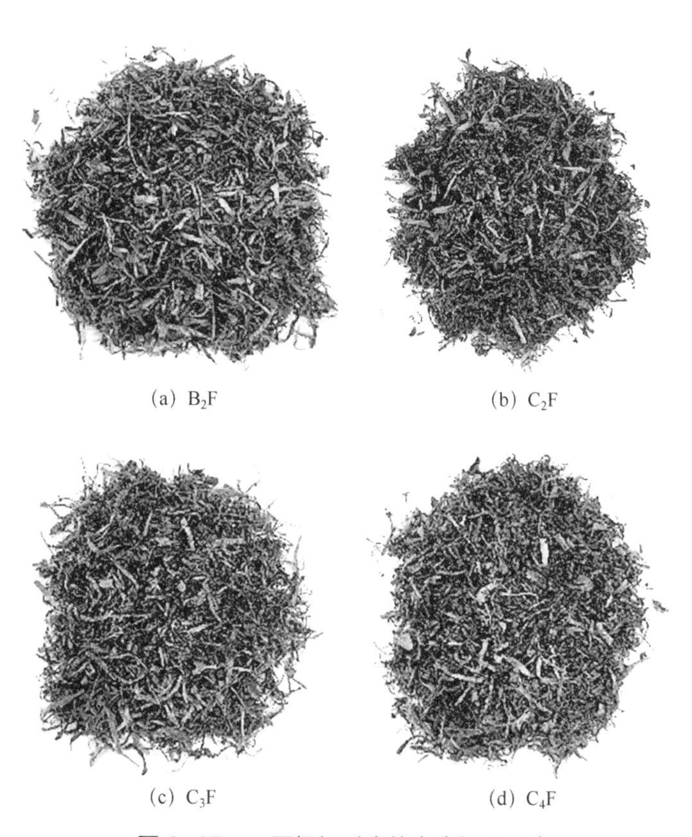

(a) B_2F　(b) C_2F　(c) C_3F　(d) C_4F

图 8-35　不同烟梗对应的盘磨梗丝形态

盘磨梗丝生产中对烟梗原料的物理形态要求等同常规梗丝，适当筛除烟梗中的细梗、碎梗和梗拐有益于盘磨梗丝结构。为进一步保证梗丝质量的稳定性，要求盘磨梗丝生产用梗来源于中部烟叶。

（四）技术应用效果

选取相同的配方烟梗，分别采用盘磨成丝工艺和传统切梗丝工艺加工，评价梗丝质量及卷烟应用效果。

1. 梗丝物理质量

梗丝物理指标检测结果见表 8-28。由表中数据可知，与传统切梗梗丝相比，盘磨梗丝的长丝率显著降低，大部分梗丝尺寸集中在中间范围，碎丝率提高，填充值相近。

表 8-28 梗丝物理指标检测结果

样品	长丝率/%	中丝率/%	短丝率/%	碎丝率/%	填充值/（cm^3/g）
盘磨梗丝	17.3	33.4	41.8	7.5	7.8
切梗梗丝	67.4	11.3	17.6	3.7	7.5

2. 卷烟质量

盘磨梗丝可以应用于不同直径（粗支、中支和细支）的卷烟，以下以细支卷烟为例，说明其应用效果。

将盘磨梗丝和切梗梗丝按照 20%的比例添加至某配方烟丝中，采用相同卷烟纸和滤棒卷制成细支卷烟（对照卷烟为纯烟丝），其物理参数和烟气指标检测结果分别见表 8-29 和表 8-30。从表 8-29 中可以看出，在单支质量相同的条件下，盘磨梗丝卷烟和对照卷烟的吸阻、吸阻标准偏差、卷烟纸通风度和硬度基本接近，而切梗梗丝卷烟的吸阻和吸阻标准偏差显著提高，卷烟纸通风度提高，硬度降低。结果表明添加盘磨梗丝不增加细支卷烟吸阻和吸阻波动，可保持卷烟抽吸顺畅性，盘磨梗丝在细支卷烟中体现了较好的适用性。

从表 8-30 中可以看出，与对照卷烟相比，盘磨梗丝卷烟 CO 释放量降低 4.5%，焦油释放量降低 11.1%，CO/焦油比值增加 0.06。而切梗梗丝卷烟 CO 释放量增加 3.0%，焦油释放量降低 13.3%，CO/焦油比值增加 0.14。盘磨梗丝卷烟比切梗梗丝卷烟具有更低的 CO/焦油比值。

表 8-29 细支卷烟物理参数检测结果

样品	单支质量/g	吸阻/Pa	吸阻标准偏差/Pa	卷烟纸通风度/%	硬度/%
对照品	0.53	1828	90	17.4	54.7
盘磨梗丝卷烟	0.53	1744	71	16.9	53.8
切梗梗丝卷烟	0.53	2322	166	21.8	51.7

表 8-30　细支卷烟烟气指标检测结果

样品	CO /（mg/支）	焦油 /（mg/支）	烟碱 /（mg/支）	抽吸口数/口	CO/焦油比值	CO 降低率/%	焦油降低率/%
对照品	6.7	9.0	0.83	5.1	0.74		
盘磨梗丝卷烟	6.4	8.0	0.66	5.0	0.80	4.5	11.1
切梗梗丝卷烟	6.9	7.8	0.59	4.9	0.88	−3.0	13.3

参考文献

[1] 夏营威，冯茜，赵砚棠，等. 基于计算机视觉的烟丝宽度测量方法[J]. 烟草科技，2014(9): 10-14.
[2] 余娜，申晓锋，徐大勇，等. 基于分形理论的烟丝尺寸分布表征方法[J]. 烟草科技，2012(4): 5-8.
[3] 刘民昌，刘洋，文武，等. 成丝工艺对梗丝物理质量的影响[J]. 烟草科技，2019, 52(10): 79-84
[4] 郑茜，夏自龙，袁海霞，等. 高频阶梯式烟梗分选筛的设计与应用[J]. 食品与机械，2019, 35(7): 124-127.
[5] 美国烟草公司. 燃烧制品和方法：US 4094323[P]. 1978-6-13.
[6] 乐富门铂尔曼加拿大公司. 烟草材料的组成：US 4567903[P]. 1982-9-9.
[7] 布朗威廉烟草公司. 烟叶处理过程：US 4582070[P]. 1983-4-17.
[8] 布朗威廉烟草公司. 烟叶处理过程：US 4706691[P]. 1986-4-14.

第九章　再造梗丝技术

再造梗丝工艺的核心理念是将烟梗经过切丝、提取、烘干后得到空白梗丝，由烟草碎片经过提取、浓缩、调配得到回填液，回填至空白梗丝中，再经过干燥处理，得到成品再造梗丝。这一工艺加工过程有效地将烟梗中对吸味贡献小，甚至有负面影响的组分去除，然后通过置换，赋予其烟叶中对吸味有较好贡献的组分，既保留梗丝的“形”又使其具有烟叶的“质”，是烟梗处理工艺理念的巨大突破，是梗丝加工工艺的重大创新。

一、再造梗丝工艺原理与工艺流程

再造梗丝工艺是在不破坏梗丝纤维结构的基础上，进行烟梗化学物质的提取分离、烟叶化学物质回填，制得不同品质需求的产品。其工艺流程是烟梗经润梗、压梗和切丝后，对梗丝进行提取，再经过固液分离、预烘干、料液回填、挤压均化、干燥后得到最终成品。工艺流程如图 9-1 所示。

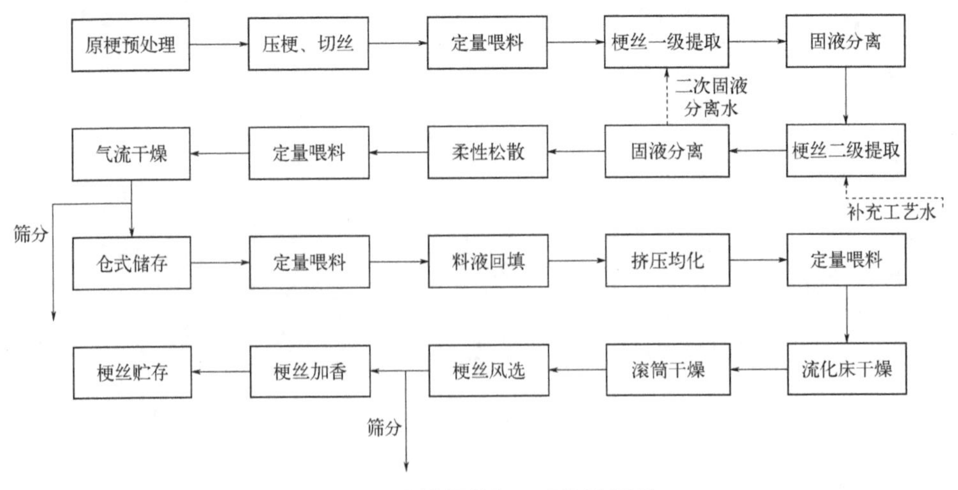

图 9-1　再造梗丝加工工艺流程图

二、关键工艺及设备

（一）压力润梗设备

蒸汽增压烟梗回潮机是润梗工艺的主机设备，其主要原理是通过高温高压蒸汽使水洗梗后的烟梗表面的水分快速渗透至烟梗内部，从而达到润透烟梗的目的，同时烟梗膨胀，颜色变为褐色。水洗梗后的物料通过蒸汽增压烟梗回潮机可以快速实现烟梗回潮，回潮后的烟梗可以直接进行压梗切丝。蒸汽增压烟梗回潮机（见图 9-2）组成包括进料气锁、回潮螺旋输送机、出料气锁、进出料排潮消声系统、蒸汽增压增温系统等。蒸汽由蒸汽进口进入内衬套和承压壳体之间，通过压力扩散充满整个腔体内部，为确保烟梗充分润透，蒸汽压力控制在 0.13～0.17MPa，蒸汽温度为 145～160℃。水洗梗后烟梗由进料口直接进入螺旋输送机内部，在螺旋输送过程中实现增压回潮。回潮后烟梗含水率 31%～35%，烟梗内部充分润透，组织纤维疏松，体积增大，此时烟梗由出料口排出回潮螺旋输送机回潮螺旋输送机结构见图 9-3。进出料排潮消声系统由进料罩、进料消声气锁、出料罩、出料消声气锁以及排潮箱和排潮管道、排潮风机组成。蒸汽增压增温系统的压力控制由压力传感器和气动薄膜调节阀控制，增温系统由温度传感器和电加热器控制。

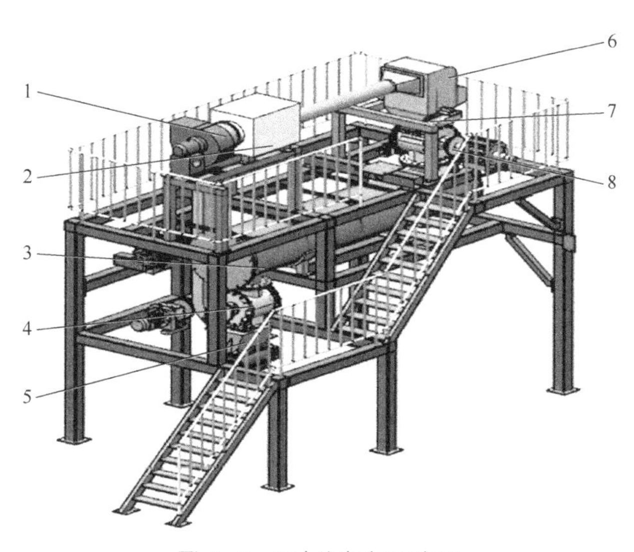

图 9-2　压力润梗机示意图

1—排潮风机；2—沉降箱；3—螺旋输送机；4—出料气锁；
5,7—消声腔体；6—进料罩；8—进料气锁

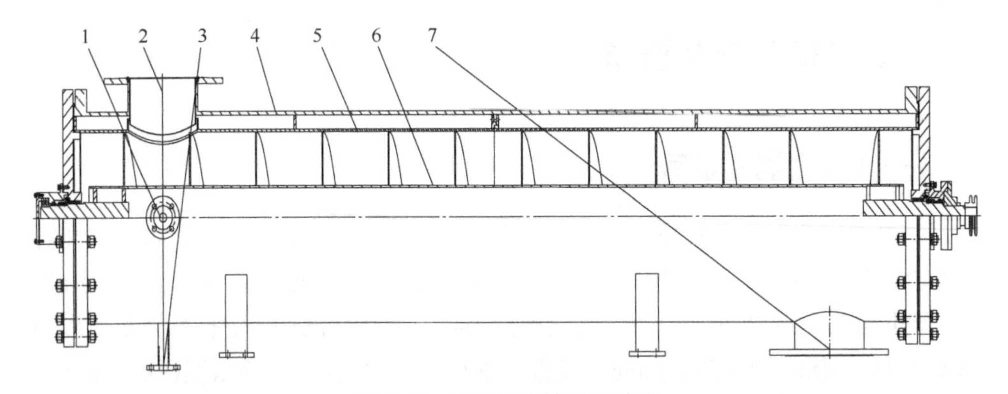

图 9-3　回潮螺旋输送机结构

1—蒸汽进口；2—进料口；3—冷凝水排放口；4—承压壳体；
5—内衬套；6—螺旋输送机；7—出料口

（二）压梗设备

压梗机（图 9-4）是压梗工艺的主要设备，由机架、压梗部件、驱动装置、保护罩、刮刀支架、罩盖、管路系统等组成，其工作原理是经压力润梗后的烟梗物料由前端进料振槽摊铺均匀后送入压梗装置，固定辊和活动辊分别在两台减速电机驱动下相向转动，将烟梗轧扁，再造梗丝正常压梗厚度控制在 0.5～1.0mm。轧制力由碟簧组件提供，两辊间设有光电监测器，当喂入烟梗过量而在辊间产生堵塞时，烟梗将触发光电开关，使电驱动移动活动辊而退出工作位置，两轧辊开放约 50mm 宽度的间隙，排出阻塞的烟梗。

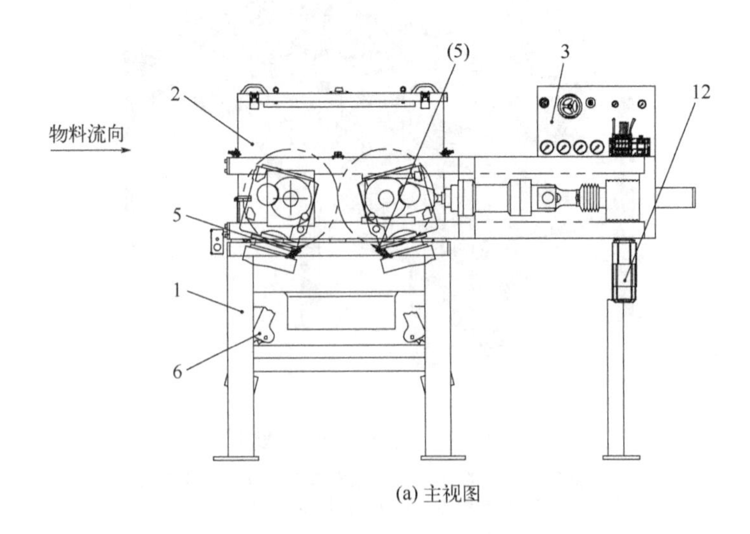

(a) 主视图

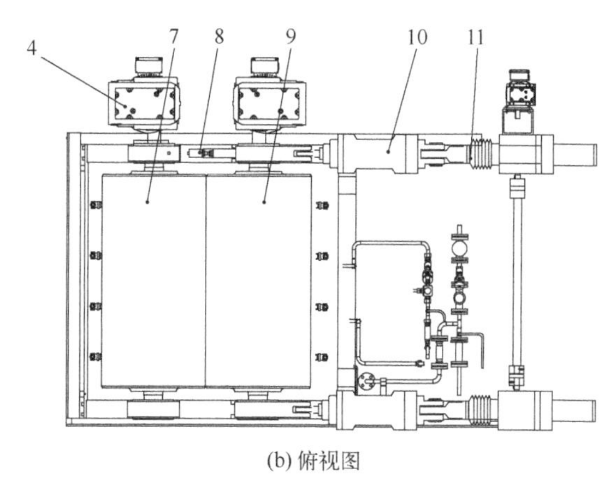

(b) 俯视图

图 9-4 压梗装置图

1—机架；2—防护罩；3—管路系统；4—减速电机；5—刮具组件；6—拐板；7—固定辊；8—位移检测装置；9—活动辊；10—碟簧组件；11—移动装置；12—伺服电机

（三）切丝设备

切丝工艺设备和原理已在烟梗制丝章节中进行了详细介绍，在此不做重复介绍。为提高切丝后物料提取效率，同时，最大程度确保再造梗丝形态与烟丝的一致性，再造梗丝加工过程中采用了“细切”理念，切丝宽度设定为 0.1～0.13mm，刀门压力为 0.45～0.5MPa，刀辊转速为 350～450r/min，料位高度为 300～350mm，切丝后物料与烟丝形态较为接近，利于梗丝中水溶性成分剔除。

（四）梗丝浸提设备

梗丝浸泡提取系统由连续顺流提取机、高频振动脱水机、链板式挤干机、二级螺旋提取机、二级高频振动脱水机、二级链板式挤干机组成，分为一级提取和二级提取。

1. 一级提取设备

连续顺流提取机是浸泡提取工艺段的主机设备，连续顺流提取机采用螺旋输送方式，以水为介质，对梗丝进行浸泡去除梗丝中的水溶性成分，获得提取后的梗丝。

连续顺流提取机主体结构为螺旋输送机，设备如图 9-5 和图 9-6 所示。连续顺流提取机的结构组成包括：进料罩、提取仓、斗式捞料机、主推料螺旋几个部分组成。进料罩在进料螺旋机头部上方，出料机构为一个三角形链板提升带，将梗丝从浸泡水中捞出送入后续设备。浸泡水由螺旋机组的进料口补充加入，水位可通过出料端的水位调节板控制。梗丝由进料罩进入连续顺流提取机后，在螺旋片推动下顺水流方向运行 20～60min 左右，通过出料机构输出，完成浸泡提取过程。提取后的梗丝在水流作用下进入高频振动脱水筛，进行初步脱水后进入固液分离工艺段。

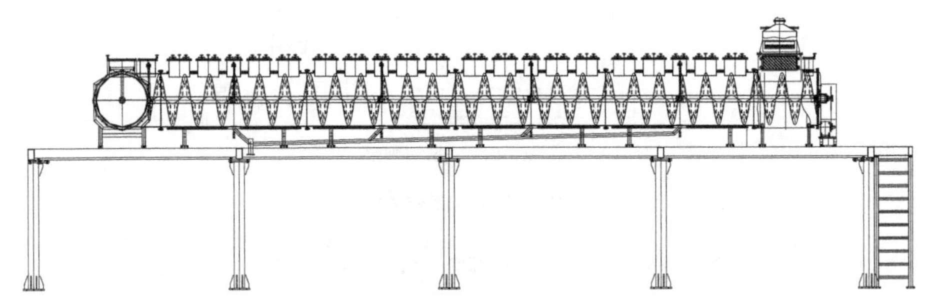

图 9-5　进料螺旋机及进料罩

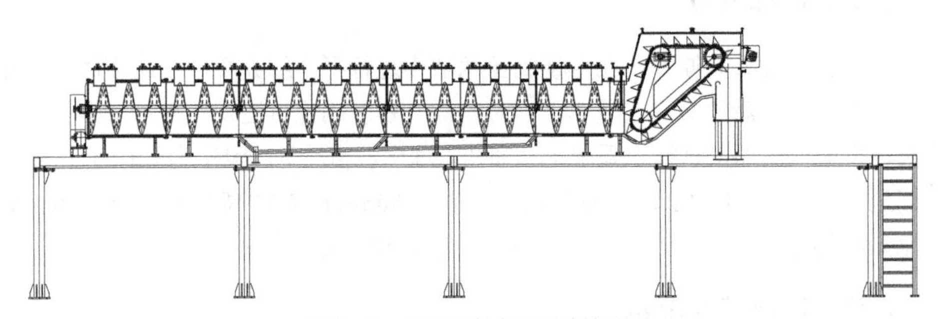

图 9-6　出料螺旋机及出料机构

连续顺流提取机（图 9-7）采用直形结构，在保证梗丝浸泡水洗时间和空间的基础上，节省了设备的占地面积，保证了工艺技术要求达到的梗丝提取率。

采用链板提升出料，实现定量加水和排水，减少了连续顺流提取机的水耗量，保证浸泡过程中设备内部的水存储量。

一次提取固液比达到 1∶15 后，提取率随固液比增加而增加的趋势已趋缓（图 9-8），而要达到绝对提取率大于 45%要求，采用常温水 30min 提取（图 9-9），固液比应大于 1∶10。提取时间达到 30min 后，提取率随萃取时间增加而增加的趋势已趋缓，即在固液比 1∶10 常温提取下，增加提取时间无法有效提高提取率。

图 9-7　梗丝提取机现场图

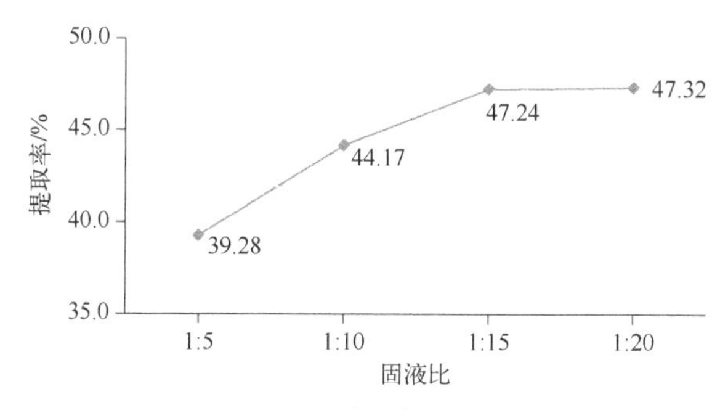

图 9-8　不同固液比与提取率关系图

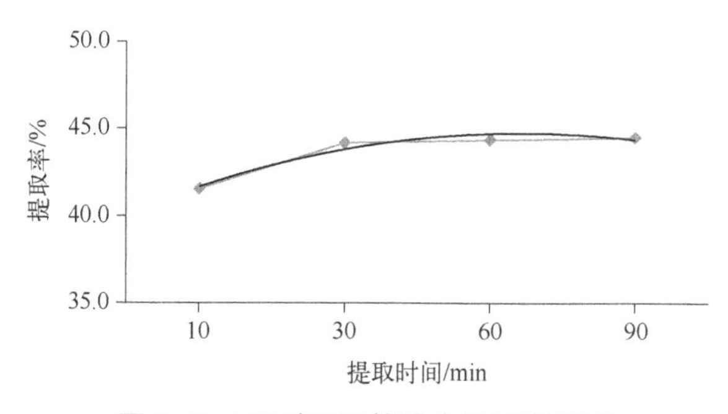

图 9-9　不同提取时间与提取率关系图

2. 二级提取设备

二级螺旋提取机（图 9-10）用于再造梗丝生产线上，对烟梗或梗丝的水溶物进行提取。二级螺旋提取机主要配置在再造梗丝生产线的一次挤干和二次挤干工序中间。

如图 9-10 所示，二级螺旋提取机结构简单、密封性能好。二级螺旋提取机主要由动力驱动装置、壳体、螺旋轴、机架和喷吹装置组成。螺旋轴由减速机直接驱动。二级螺旋提取机从进料口到出料口方向，向下倾斜 3°。物料从进料口送入二级螺旋提取机里，水直接从位于进料口对面的喷吹装置直接喷在物料上，以使物料不漂浮在水面。物料在螺旋叶片的旋转推动下以及水流的带动下前进。

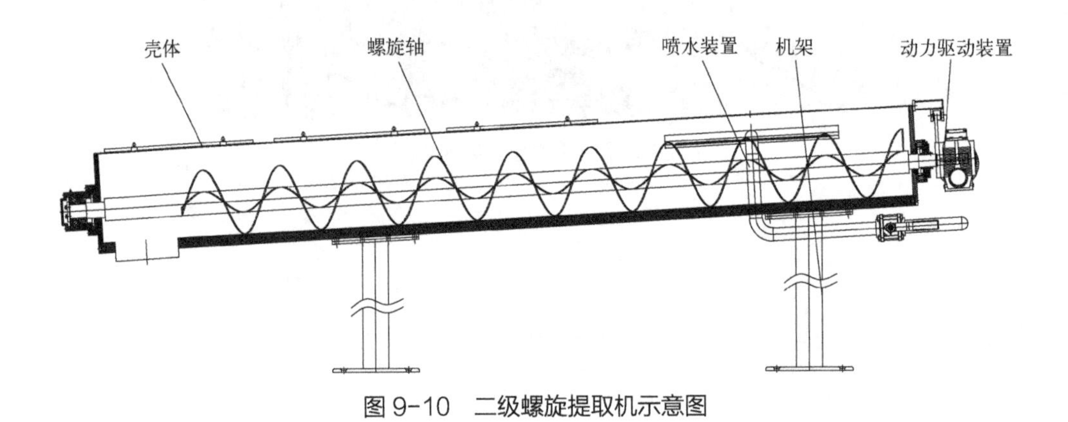

图 9-10　二级螺旋提取机示意图

（五）固液分离设备

梗丝挤干机是固液分离工艺段的主机设备。梗丝挤干机结构包括上排链组件、下排链组件、拨料辊组件、电机减速箱及上下排链齿轮、链轮传动组件、气缸及气动控制系动组件、机架及机体罩等。设备如图 9-11 所示。梗丝挤干机的上、下排链安装于机架上，两者挤压面之间形成楔形空间，梗丝被上、下排链同步输送，通过楔形挤压区，梗丝中的水分被挤出。下排链与水平面呈固定夹角上斜，上排链可围绕一回转轴转动，上排链的主动辊和被动辊分别设置在所述回转轴的左右两侧，上排链的被动辊与伺服控制气缸连接。气缸的作用力大小可以根据梗丝挤干的干度要求来定，在确定了物料压缩比后，通过控制气缸作用力大小实现上、下排链对物料的挤压压力的控制，使挤压压力始终处于恒压状态，以保证被挤干后物料的干度均匀稳定。由驱动装置驱动上、下排链相向运行，在挤压过程中，不存在螺旋搓推挤压，物料造碎大幅度减少，挤压过程平顺，脱水效率高。产品在挤干压力 9bar（$1bar=10^5Pa$）左右、链板输送频率 40Hz 左右的情况下挤干后水分约 75%。

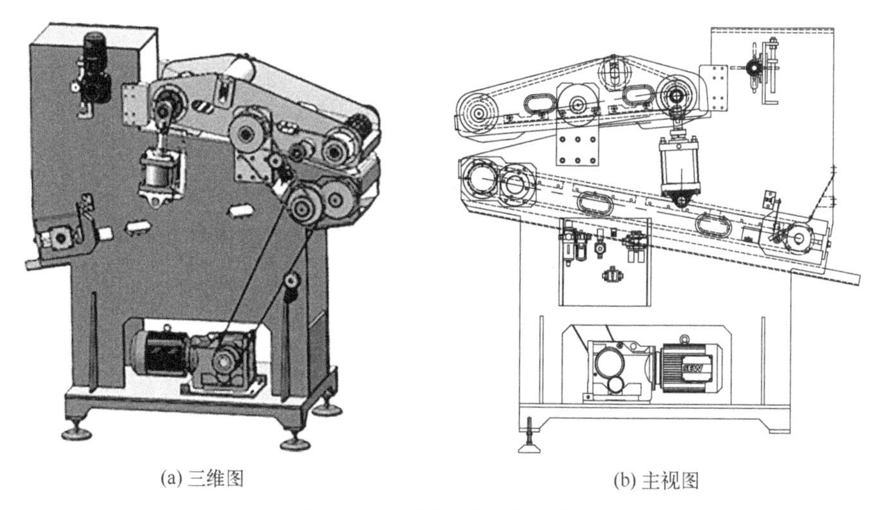

(a) 三维图　　(b) 主视图

图 9-11　梗丝挤干机结构

（六）柔性松散设备

经挤干后的梗丝呈块状，必须将梗丝松散后，才可进行后续的气流干燥。梗丝松散机的结构包括分料器、松散室、平台、升降机构。为了保证松散的均匀性，梗丝松散机使用两组并联的松散室（图 9-12），挤干后的梗丝经分料器（图 9-13）分为相对均匀的流量进入并联松散室后由出口输出。

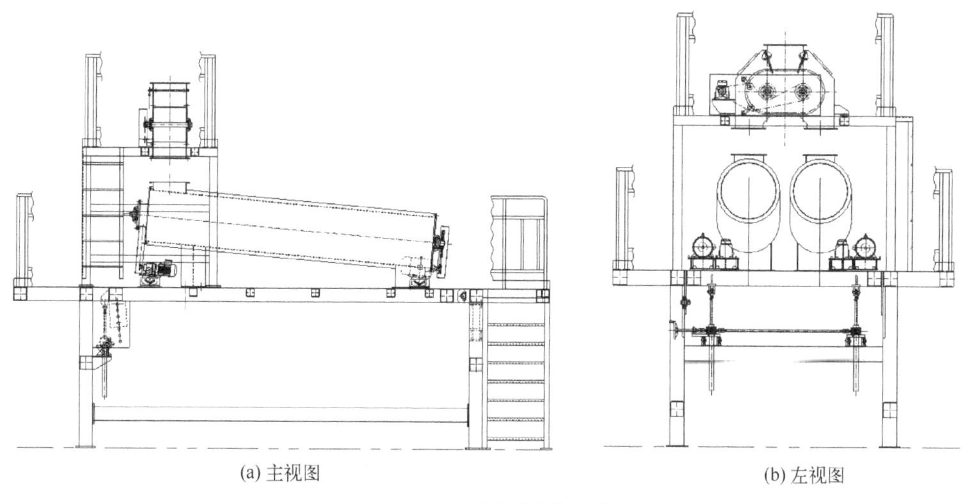

(a) 主视图　　(b) 左视图

图 9-12　梗丝松散机结构

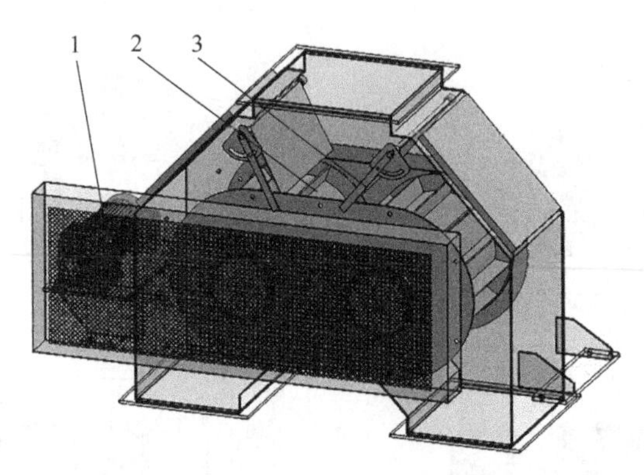

图 9-13　分料器

1—传动系统；2—转子；3—调节板

分料器的作用是把来料均匀地分布到两个松散室内，其主要结构由传动系统、转子和调节板三部分组成。调节板可左右调节角度，控制梗丝落点，使梗丝落入两个相向旋转的转子中间，将物料均匀分拨到两个松散室。

松散室是松散机的主要组成部分，其结构组成包括：螺旋轴减速电机、螺旋片、拨辊轴、拨辊轴电机，见图 9-14。松散室前部进料端为螺旋输送，后部为拨辊轴。从分料器落下的烟丝进入松散室后，先由螺旋轴向前推送，后经过拨辊轴反复抄起，从而实现松散。

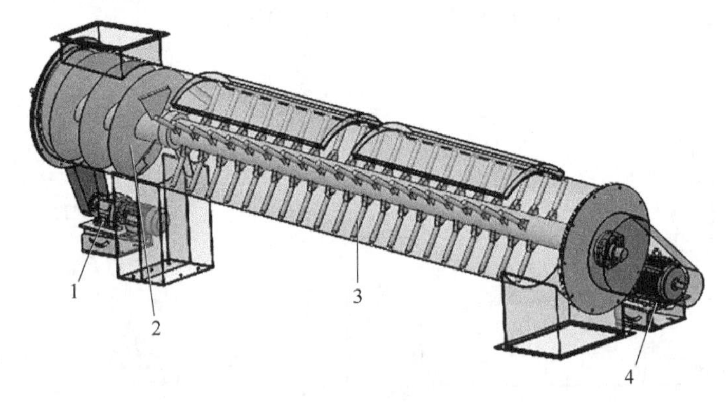

图 9-14　松散室

1—螺旋轴减速电机；2—螺旋片；3—拨辊轴；4—拨辊轴电机

（七）气流预干燥设备

经挤干松散的梗丝含水率约为 75%，不满足回填加料的含水率要求，需要对梗丝进行干燥处理，将回填加料前的梗丝含水率控制到25%左右。该工艺段采用两级低速悬浮式气流机串联干燥梗丝。

梗丝低速气流干燥系统（图9-15）采用上下分层式进料装置和倒锥型干燥器，干燥器底部安装匀风装置、匀料装置和除杂装置的独特结构设计，降低了干燥热风湿度和风速（干燥风速3～7m/s），提高了热交换效率，实现了干燥过程节能，提高了梗丝水分均匀性，减少了梗丝干燥过程造碎。同时在梗丝悬浮干燥的过程中，将梗丝中的梗签等杂物风选出来，进一步提高了梗丝的纯净度。

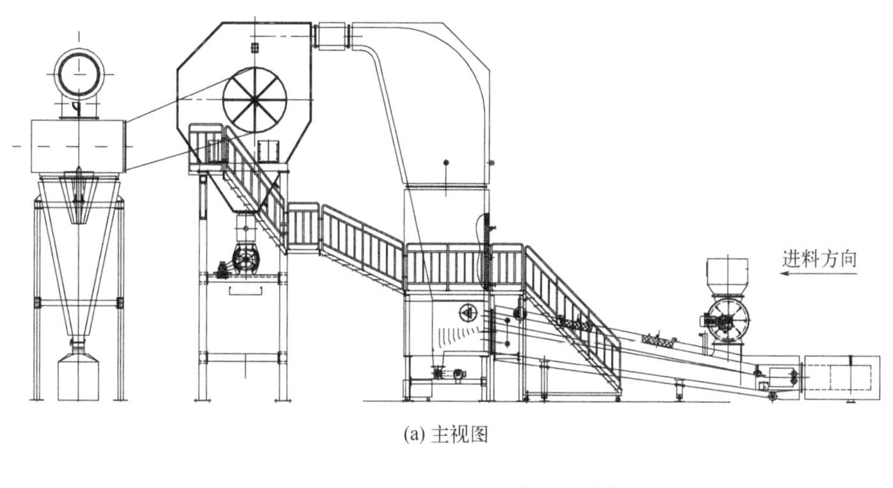

(a) 主视图

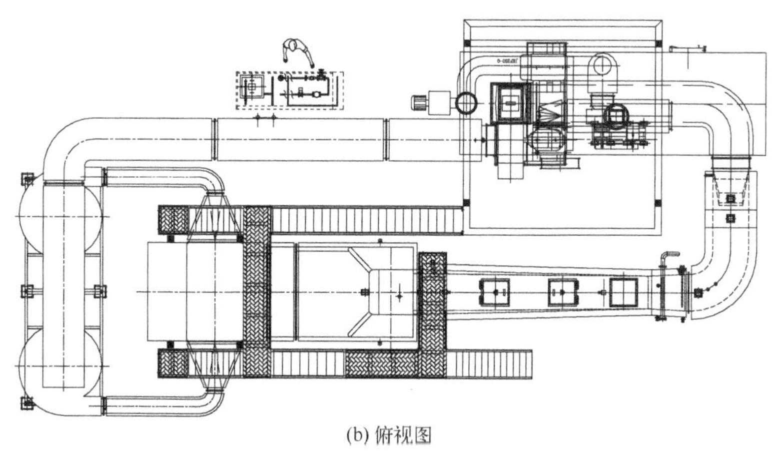

(b) 俯视图

图9-15　梗丝低速气流干燥系统结构

梗丝低速气流干燥系统的结构包括：进料气锁、进料管、干燥室、气料分离装置、热风循环（除尘、排潮）装置、热风炉、管路控制和电控系统。

梗丝低速气流干燥系统的工作过程是：①梗丝通过振槽由进料气锁送入进料管，梗丝在气流的带动下进入垂直干燥室。②梗丝在干燥室内的上升速度快速降低到 3～7m/s，延长梗丝的干燥时间，同时实现梗丝的杂物风选分离，分离出的杂物由干燥室底部的螺旋输送机排出系统。③干燥后的梗丝进入切向落料器，实现气料分离，分离后的梗丝由出料气锁排出，分离后的气体进入热风循环（除尘、排潮）装置，进行除尘、排潮后沿回风管在风机的抽吸作用下，进入热风炉重新加温，加温后的热风进入混合箱，将热风根据工艺要求调整到需要的温度送入进料管。

（八）回填加料

梗丝再造的料液的回填加料比高达 40%～180%，常规加料设备难以完成料液回填工艺的任务。针对梗丝再造的加料特点，采用梗丝重加料的回填加料机，见图 9-16。

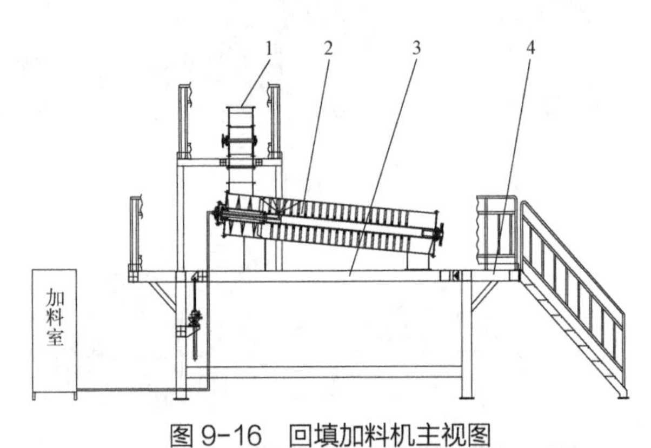

图 9-16　回填加料机主视图

1—分料单元；2—加料室；3—调节平台；4—固定平台

回填加料机结构组成包括分料单元、加料室、调节平台、固定平台四个部分。

分料单元用于将来料梗丝均分为两等份，送入后续的加料室。分料单元壳体内并排安装有两个转子和调节板，调节板可左右调节角度，控制梗丝落点，使梗丝落入两个相向旋转的转子中间，将物料均匀分拨到两个加料室。加料室内同轴安装有螺旋输送片和拨辊，螺旋输送的转速为 15～30r/min，拨辊转速为 300～400r/min，前部进料端为螺旋输送，后部为拨辊轴。从分料器落下的烟丝进入加料室后，先由螺旋轴向前推送，后经过拨辊轴抄起后沿加料室腔体内壁螺旋前进，在此过程中，拨辊轴上的喷嘴把料液喷洒向四周的梗丝上，完成加料过程。在整个加料过程中，梗丝通过加料室的路径和时间一致，保证了梗丝加料的均匀性，同时，加料过程中通过梗丝层缝隙喷洒到加料室内壁上的料液均可被后续通过的梗丝带走，粘连在轴、辊上的料液高速旋转过程中，在离心力的作用下，也甩落到梗丝上。除了少量的料头料尾，回填加料机适应了大加料比的工艺要求，保证了梗丝加料的均匀性和料液施加的有效性。卧式滚筒加料机内部结构如图 9-17 所示，回填加料机原理图如图 9-18 所示。

图 9-17　卧式滚筒加料机内部结构

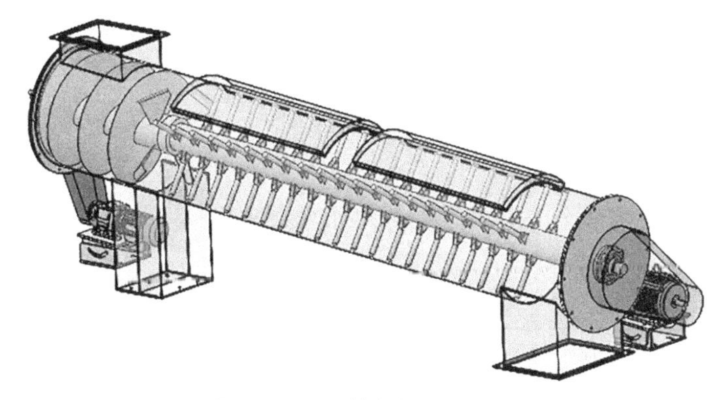

图 9-18　回填加料机原理图

（九）挤压均化设备

挤压均化工艺的目的是通过机械压力使过饱和梗丝中的料液析出，转移至吸料尚不充分的梗丝中，提高梗丝吸收料液的均匀性。该工艺段采用的挤压均化设备与梗丝挤干机类似，在此不做重复介绍。

（十）回填后烘丝

本工序主要工艺目标是通过流化床和导热油对回填后湿物料进行烘干，主要涉及的设备有流化干燥机（流化床）和导热油滚筒干燥机。由于再造梗丝的回填加料比例较高，加料后梗丝含水率通常在50%左右，因此物料具有一定黏度。出于减少烘丝筒壁黏料和减少后序干燥过程中香味物质损失的考虑，回填后梗丝干燥先采用流化床初步脱除水分，再通过导热油滚筒干燥机进一步去除物料水分。流化床干燥机进料端高于出料端，回填后的梗丝进入流化床进料端，在振动电机的振动下向出料端移动，流化床一区和二区的热风从底部通过流化床表面的孔板向上出风，梗丝成半悬浮的流化状态与热风充分进行热交换，从而达到干燥梗丝的目的，为减少流化床干燥过程中致香物质的损耗，流化床温度控制在 120℃以内，流化床干燥后物料含水率为31.5%～34.5%。导热油滚筒干燥机采用导热油作为烘丝机的加热介质，通过滚筒和热风与烟丝的热交换，实现梗丝干燥，导热油温度可以控制在 50～200℃范围，能够满足不同温度的梗丝温和干燥，正常生产过程中导热油温度在115℃左右，梗丝含水率控制在13%～16%。

三、再造梗丝质量与性能

（一）物理指标

1. 常规物理指标

再造梗丝与膨胀梗丝常规物理指标对比见表9-1。

表 9-1　再造梗丝与膨胀梗丝常规物理指标对比

样品类别	含水率/%	填充值/（cm^3/g）	整丝率/%	碎丝率/%
膨胀梗丝	12.12	6.89	87.6	1.08
再造梗丝	12.06	10.78	72.58	2.99

由表 9-1 可知，在相同含水率条件下，再造梗丝填充值与碎丝率高于普通膨胀梗丝，整丝率下降较为明显，主要原因在于：相较于传统膨胀梗丝，再造梗丝采用的是薄压薄切的加工工艺，其压梗厚度和切梗丝宽度明显小于膨胀梗丝，在后续提取、挤干、松散、干燥等加工过程中，梗丝物料造碎较大；填充值方面，由于在再造梗丝加工过程中，压力润梗、压梗、切梗丝、提取和干燥等工序有别于传统膨胀梗丝加工工艺，加工强度大，物料膨胀和卷曲形变明显，填充值较膨胀梗丝明显增高。

2. 梗丝形态

采用相似距离表征膨胀梗丝和再造梗丝与烟丝的相似程度，以两种片形梗丝圆度、长宽比与周长面积比三个代表指标分别表征，由表 9-2 可知，与膨胀梗丝相比，再造梗丝由于压梗厚度和切梗丝宽度较小，其圆度小于膨胀梗丝，而长宽比明显高于膨胀梗丝，在形态上与烟丝相似程度更高，有利于烟支卷接质量稳定。

表 9-2　再造梗丝与膨胀梗丝常规形态指标对比

样品类别	圆度	长宽比	周长面积比	与烟丝相似距离	与烟丝相似度
烟丝	0.122	3.05	0.190	0.000	100%
膨胀梗丝	0.437	1.75	0.063	1.897	1.66%
再造梗丝	0.236	3.06	0.114	0.049	97.46%

3. 梗丝色泽

由表 9-3 可知，在 RGB 模式下，以 R（红色）、G（绿色）、B（蓝色）三个指标确定烟（梗）丝色泽，再造梗丝在色泽上与烟丝相似程度远高于普通膨胀梗丝，可作为一种有效的卷烟叶组配方填充料。

表 9-3　再造梗丝与膨胀梗丝色泽对比

样品类别	R（红）色均值	G（绿）色均值	B（蓝）色均值	颜色相似度
烟丝	212	211	212	100%
膨胀梗丝	204	200	195	0.00%
再造梗丝	216	215	212	66.79%

4. 梗丝保润性能

采用失水速率评价江苏中烟常规膨胀梗丝与其某一型号再造梗丝中样结果如表 9-4 所示。

表 9-4　两种梗丝水分散失速率　　单位：%/h

梗丝类型	1h	2h	3h	5h	6h	7h	24h
膨胀梗丝	0.021	0.032	0.040	0.050	0.052	0.054	0.057
再造梗丝	0.014	0.023	0.027	0.034	0.035	0.036	0.037

由表 9-4 与图 9-19 可以看出，相同环境条件下再造梗丝水分散失速率比膨胀梗丝小，再造梗丝保润性能更优。

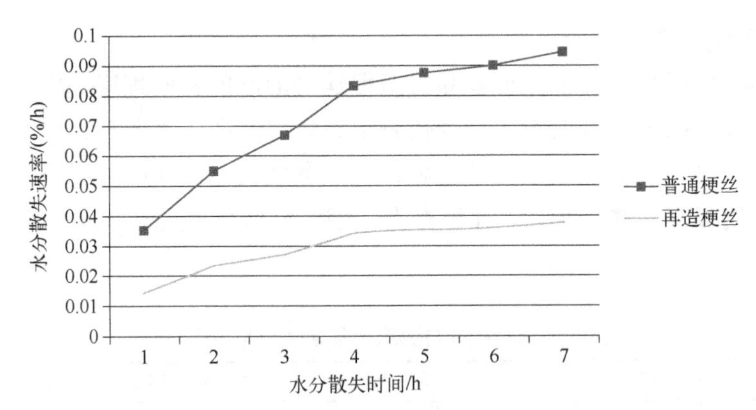

图 9-19　两种梗丝在相同条件下水分散失折线图

采用半衰期平均失水速率评价上海烟草常规片状梗丝、丝状梗丝与吉林烟草成品再造梗丝结果如表 9-5 所示。

表 9-5　三种梗丝保润性能评价

样品	k	n	r（相关系数）	半衰期/min	半衰期下的平均失水速率/（%/min）
丝状梗丝	0.04090	0.76745	0.99593	40.41713	0.07426
片状梗丝	0.05400	0.71737	0.99329	35.12906	0.09000
再造梗丝	0.17364	0.44546	0.95757	22.38284	0.07797

由表 9-5 可以看出，吉林烟草成品再造梗丝样品半衰期下平均失水速率与上海烟草丝状梗丝较为接近，优于上海烟草片状梗丝。

江苏中烟与上海烟草所测再造梗丝保润性能有所差异，推测原因为两家单位再造梗丝添加的回填料液有所差异，江苏中烟所测数据为其自行开发的中样样品。

（二）化学指标

再造梗丝的常规化学成分与其添加的回填料液化学成分和回填比例密切相

关。再造梗丝回填料液由烟草碎片配方提取液、烟用香料、糖料和保润剂等组成，再造梗丝产品设计目标不同，回填料液化学成分和回填比例也不一样。由于空白梗丝吸收回填料液性能较好，回填料液回填比例可控制在 30%～65%之间，回填比例越高，其常规化学成分含量越高，在回填比例超过 60%时，再造梗丝的化学成分接近片烟或与其相差不大。

吉林产三款不同型号的再造梗丝产品使用三种回填料液，回填率为 33%，其常规化学成分检测见表 9-6。

表 9-6　吉林不同回填料液再造梗丝常规化学指标

样品名称	总糖/%	烟碱/%	总氮/%	钾/%	氯/%	蛋白质/%	施木克值①
提取前梗丝	14.413	0.551	1.496	5.958	2.348	8.755	1.646
提取后梗丝	0.861	0.121	1.078	0.081	0.014	6.608	0.13
回填 1 号	11.283	1.566	1.537	1.463	0.531	7.915	1.425
回填 2 号	13.768	1.388	1.56	1.415	0.481	8.251	1.669
回填 3 号	16.722	2.265	1.605	1.586	0.662	7.585	2.204

① 施木克值指烟叶中水溶性糖类含量与蛋白质含量之比，是评定调制后烟叶品质的一项指标。

由表 9-6 可知，可通过不同的回填料液，有效地改变梗丝常规化学成分含量。

江苏中烟产四种不同回填料液、回填比例的再造梗丝化学成分检测见表 9-7。

表 9-7　江苏中烟再造梗丝常规化学指标

样品名称	回填率/%	水溶性总糖/%	烟碱/%	总氮/%
1 号	35	9.94	1.27	1.34
2 号	40	10.25	1.32	1.45
3 号	43	14.68	1.55	1.63
4 号	60	20.57	2.37	1.77

由表 9-7 可知，回填料液和回填比例不同，再造梗丝常规化学成分含量不同。

（三）感官指标

吉林产不同型号的再造梗丝感官质量评价结果如表 9-8 所示。可以看出，再造梗丝感官质量在香气量、香气质、舒适性等方面明显优于传统膨胀梗丝，并且，相较于普通膨胀梗丝，施加回填料液可按配方使用需求改变再造梗丝感官质量，达到感官质量可调可控，提升再造梗丝配方适用性的目的。

表 9-8　不同回填料液再造梗丝感官质量

梗丝类型	香气质	香气量	浓度	杂气	劲头	刺激性	余味	燃烧性	合计
膨胀梗丝	6	5.5	5.5	5	4.5	5.5	6	5	43
再造-回填 1 号	7	6	5.5	6	4.5	6.5	6.5	6.5	48.5
再造-回填 2 号	7	6	6	6	4.5	6.5	6	6.5	48.5
再造-回填 3 号	7.5	6.5	6.5	6	5	6.5	6	6	50
再造-C4	具有较强的烟感，香气质感较好，量足，烟气细腻流畅，满足感稍弱，无杂气，无明显刺激，余味舒适干净，无残留								
再造-C6	烟感较强，有一定的烤甜香，香气浓郁饱满，爆发力强，烟气厚重，有一定劲头，吃味醇和，余味舒适，并有一定的回填感，口腔干净								

（四）降焦效果

由表 9-9 可以看出，随再造梗丝用量增加，卷烟抽吸口数减少，焦油、烟碱与 CO 均减小。

表 9-9　不同再造梗丝掺兑比例对卷烟主流烟气影响

再造梗丝	梗丝比例	单支质量 /（g/支）	卷烟吸阻 /（Pa/支）	抽吸口数/口	焦油 /(mg/支）	烟碱 /（mg/支）	CO /（mg/支）
C4	6	0.862	1168	6.36	9.03	0.88	11.08
	8	0.864	1153	6.21	9.01	0.85	11.08
	12	0.853	1146	5.88	8.72	0.82	10.84
C6	6	0.858	1166	6.41	9.03	0.87	11.06
	8	0.85	1182	6.35	8.97	0.86	11.04
	12	0.864	1178	5.86	8.81	0.78	10.16

由表 9-10 可以看出，再造梗丝相对于普通膨胀梗丝，烟卷单支质量降低，抽吸口数减少，主流烟气中焦油、烟碱含量降低，CO 烟气释放量变化不明显。这表明，再造梗丝填充率高，燃烧性能好，单位烟支体积内烟草物料含量更低，整体烟支焦油、烟碱释放量明显降低，CO 释放量变化不明显。

表 9-10　再造梗丝与常规梗丝对卷烟主流烟气影响差异

序号	梗丝类型	梗丝比例	单支质量 /（g/支）	烟丝质量 /（g/支）	卷烟吸阻 /（Pa/支）	抽吸口数/口	焦油 /（mg/支）	烟碱 /（mg/支）	CO /（mg/支）
1	膨胀梗丝	100	0.7751	0.5298	1341	4.1	3.9	0.11	13.4
2	再造梗丝	100	0.6577	0.4624	1343	3.3	3.4	0.42	12.3
3	—	0	0.9307	0.7854	1108	7.5	12.3	1.07	13.2
4	膨胀梗丝	16	0.883	0.6	1080	6.8	9.2	0.76	10.3
5	再造梗丝		0.834	0.583	1000	6.2	8.8	0.73	10.4

注：根据烟丝填充体积、填充值和空管质量，计算出不同掺兑物烟丝的烟卷单支质量设计值，并卷制烟支进行物理、烟气数据检测。

第十章　烟梗微波膨胀技术

一、微波及微波技术

微波是频率在300MHz～300GHz，即波长在1mm～100cm范围内的电磁波，见图10-1，它具有电磁波的反射、透射、干涉、衍射、偏振以及伴随着电磁波进行能量传输等波动特性。微波热效应的发现使得微波除作为通信方式外，更广泛应用于工业、农业、医疗、科学研究等领域。

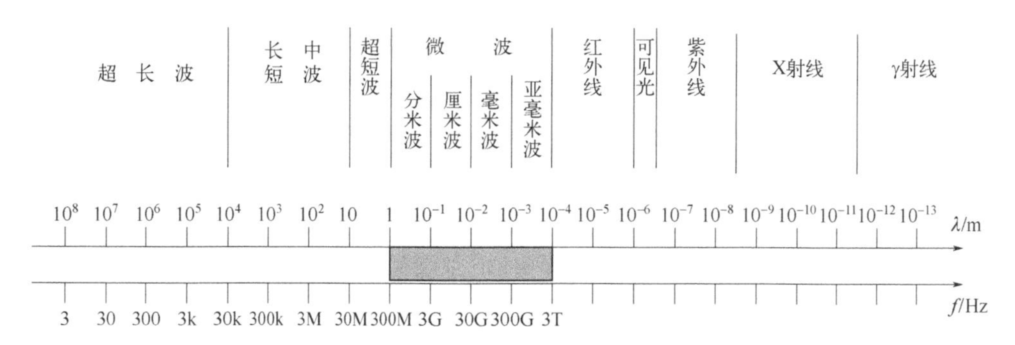

图10-1　微波在电磁波谱中的位置

微波在食品工业中的应用频率一般是915MHz或者2450MHz，微波在食品工业中用途大体可以分为两大类：一是在食品加工中作为一种加热手段，如进行微波干燥、膨化、消毒、灭菌、杀虫、热烫等，以达到加工的目的；二是以各种形式的微波炉出现，有家用和商业之分，不仅可以用其作辅助加热工具，如进行肉的解冻，而且可以用于对食品加热和烹调。

（一）微波加热干燥机理

微波加热干燥主要利用的是微波的加热和穿透特性。微波干燥是一种水分迁移和蒸发同时进行的加工方式。微波加热从内部产生热量，使物料内部迅速生成的蒸汽形成巨大的驱动力，产生一种“泵送效应”，驱动水分以水蒸气的形式移向表面，有时甚至产生很大的总压梯度，使部分水分还未来得及汽化就已经排出到物料表面，因此干燥速度极快。物料的传热方向、蒸气压迁移方向、压力梯度、温度梯度的方向一致，也即传热和传质的方向一致，热阻碍小，而且物料吸收能量和排湿并不完全依赖于干燥介质和自身的热导率，因而大大提高了传热效率和干燥速率。

微波干燥可分为四个阶段：内部调整、液体流动、等干燥速率和下降干燥速率阶段。每一个阶段都有各自特定的温度、湿度分布。干燥速率除了受物料的介电特性、水分含量、组分、厚度、形状等因素影响，还与微波炉的输出功率有关。

（二）微波加热的特点

1. 穿透能力强、加热均匀

根据电磁场理论，电磁波穿透到介质内部的穿透深度 D_E 可用下式表示：

$$D_E = \lambda_0 / \pi\sqrt{\varepsilon_r} \tan\delta$$

式中，λ_0 为自由空间波长；ε_r 为介电常数；$\tan\delta$ 为介电损耗。

穿透深度随波长的增大而增大，换言之，它与频率有关，频率越高，波长越短，其穿透力越弱。在 2450MHz 时，微波对水的穿透深度为 2.3cm，在 915MHz 时增加到 20cm；2450MHz 时，微波在空气中的穿透深度为 12.2cm；915MHz 时为 33.0cm。由于一般物体的 $\pi\sqrt{\varepsilon_r} \tan\delta \approx 1$，微波穿透深度与所用的波长是同一数量级的，这些结论也揭示了电磁场具有穿透能力的物理特性。除了体积较大的物体，其他物体一般采用微波加热就能做到均匀加热。红外线的波长一般小于 0.1mm，用于物料加热的远红外线波长仅为十几纳米，穿透能力差，只能进行表层加热，然后再依靠热传导将热量传入物料内部，这样加热时间长、效率低，还会使物料加热产生“外焦里不熟”现象。这就是红外、远红外线加热与微波加热技术相比的劣势所在。

2. 微波加热热惯性小

只要在微波管加上灯丝电压 15s 后，就可加高压，使被加热物体瞬间加热。这一特点决定了微波加热的一个很明显的优点，即可快速控制加热，有利于连续生产的自动化控制，而常用的远红外、红外线加热却要经过较长的预热时间，待加热箱中达到一定温度时才能够进行加热，且热惯性大，不仅浪费能量，又不便自动控制，所以，微波加热技术比远红外、红外加热节能好几倍。

3. 选择加热

从电磁场理论可推得下式：

$$P = \omega \varepsilon_r E^2 V \tan\delta$$

式中，ε_r为介电常数；$\tan\delta$为介电损耗；E为电场强度的有效值；V为物料吸收微波的有效体积；$\omega = 2\pi f$，f为微波工作频率。

对物料介质而言，微波加热与介质的介电损耗是密切相关的。据知，各种介质的介电损耗在0.001～0.5，相差很大。介电损耗大的介质对微波能的吸收较好，易用微波加热，介电损耗太小就不能采用。水的介电损耗 $\tan\delta \approx 0.3$，比较大，因而能强烈地吸收微波能。含水率在百分之几到百分之几十的物质都能有效地采用微波能加热。而且，由于被加热的物料中水分比干物质对微波能的吸收要大得多，温度上升也就高得多，选择加热使水分很快加热蒸发而不致使被加热物品产生过热。这样对物料加热的产量和质量都有好处。这就是微波能的选择性加热特性。

4. 加热速度快

由于微波这种电磁波具有穿透性，以及对物质加热的特殊性，因而决定了它具有加热速度快的特点。与传统加热方式相比较，可节省2/3时间。

5. 改善劳动条件和劳动环境

微波加热设备占地面积小，由于加热是从被加热物料的自身开始，而不是靠热传导或其他介质（如空气）的间接加热，所以设备本身不辐射热量，因此不会产生环境高温，可改善劳动环境和劳动条件。另外可设置排出有害气体和湿气的装置而不影响加热。

（三）烟梗微波膨胀的基本原理

烟梗主要是纤维细胞构成的组织，外部有一层坚硬致密的表皮组织，通常烟梗含有10%～20%的水分。在微波环境下，微波能穿透烟梗至内部，迅速加热烟梗，使烟梗中水分在纤维组成的细管状结构中迅速汽化，由于烟梗表皮比较致密，汽化后的水不能立即排出，从而形成烟梗内外压力差，使烟梗体积迅速增大膨胀。体积增加3～5倍，如图10-2和图10-3所示。

从图10-3可看出，烟梗经微波处理后，从形状上来看，烟梗的长度未发生明显的变化，但烟梗的宽度、厚度、自然堆积体积均有明显的增加，说明微波处理对烟梗确实有较显著的膨胀效果；从色泽上来看，微波膨胀处理前烟梗的色泽灰暗、部分颜色较黑，烟梗表面与内部颜色色差较大，经微波处理后的烟梗色泽明显变亮、无明显发黑部分、颜色均匀一致，烟梗表面与内部也无明显色差。烟梗横断面扫描电镜显微图见图 10-4。

图 10-2 烟梗微波膨胀示意图

(a) 微波膨胀前

(b) 微波膨胀后

图 10-3 烟梗微波膨胀前后外观形态

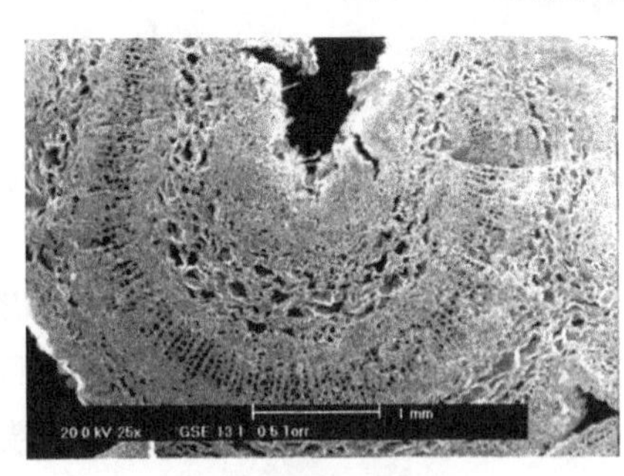

(a) 微波膨胀前

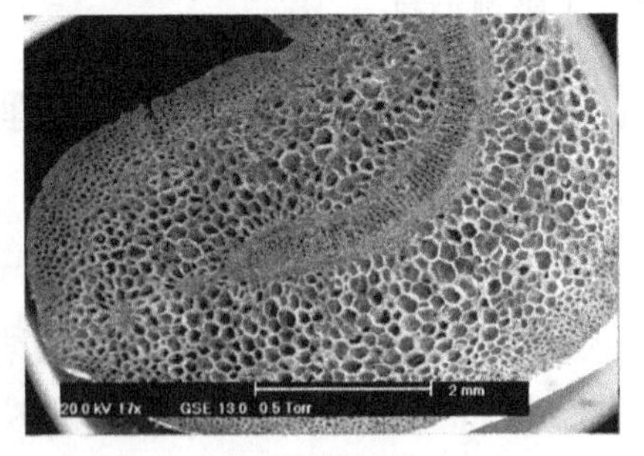

(b) 微波膨胀后

图 10-4 烟梗横断面 SEM 照片

从图 10-4 可以看出，微波处理前的烟梗组织质密，细胞排列整齐，横断面薄壁组织嵌合紧密结实，疏导组织排列有序，且孔道间隙小但大小不一。经微波处理后的烟梗组织结构疏松，导管束腔道组织膨胀，排列均匀有致，空洞间隙增多增大且大小均匀。

二、烟梗微波膨胀工艺流程

经过微波膨胀后的烟梗有两种加工路径，一种是将膨胀烟梗制成梗粒（图 10-5），另一种是将膨胀烟梗通过复切制成梗丝（图 10-6）。由于膨胀烟梗在制粒过程中造碎较大，且颗粒状梗粒与烟丝形态差距较大，所以梗粒的使用受到一定程度的限制，因此，目前的烟梗微波膨胀工艺以复切制丝为主。

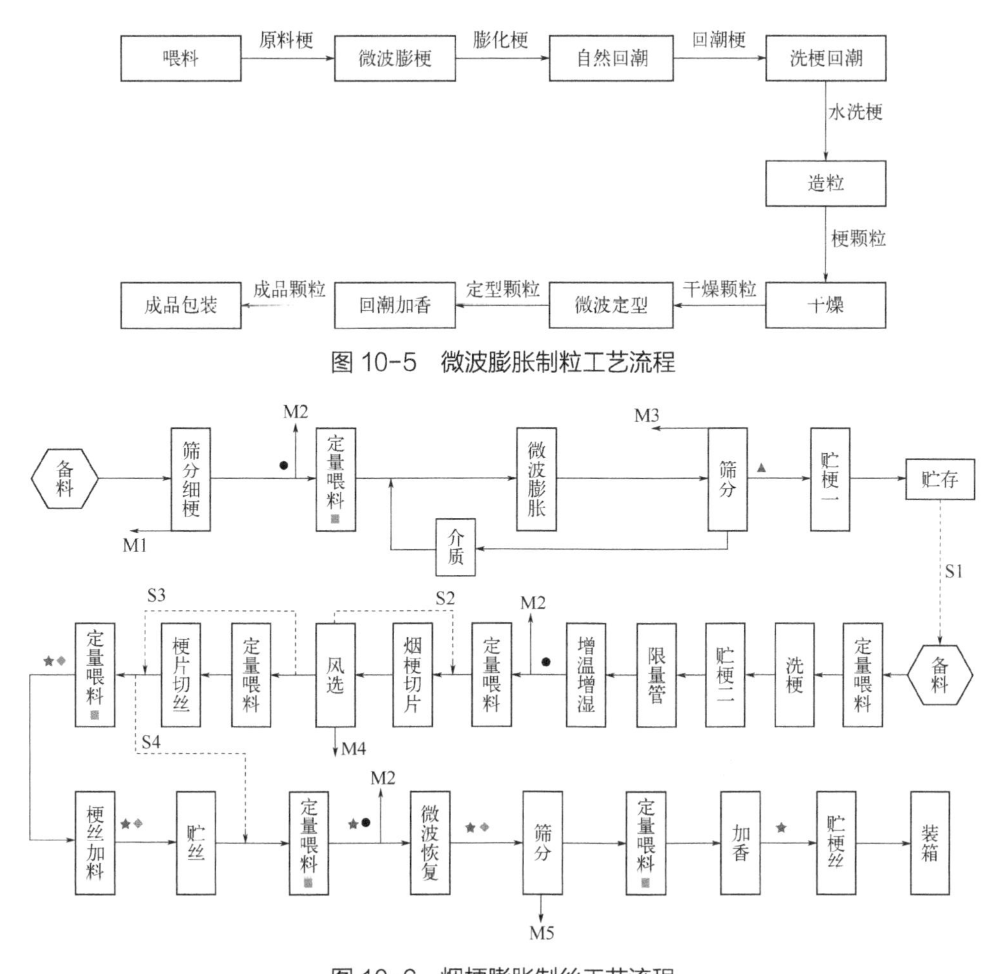

图 10-5　微波膨胀制粒工艺流程

图 10-6　烟梗膨胀制丝工艺流程

★水分仪；◆温度仪；▲高温检测；●金属检测器；■皮带秤；M1—细梗；M2—金属；M3—梗末；M4—未膨胀梗片；M5—梗片；S1—离线贮存输送；S2—梗块返切；S3, S4—短接输送带

三、烟梗微波膨胀核心工艺及技术

烟梗颗粒系统总体来说分为三大部分：膨梗段、造粒段和恢复定型段。

（一）烟梗膨胀段

烟梗膨胀段工艺流程见图 10-7。

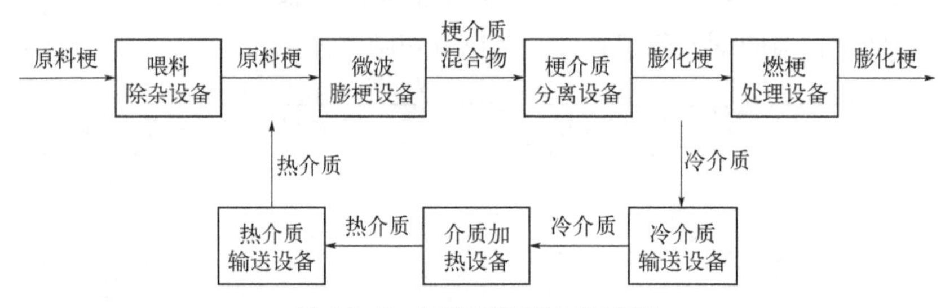

图 10-7　烟梗膨胀段工艺流程

烟梗微波膨胀段主要由烟梗预处理和烟梗介质膨胀两部分组成，主要设备及任务叙述如下。

螺旋喂料器：螺旋喂料器（图 10-8）的作用是将原料均匀送入磁选皮带，避免物料不均影响膨梗质量。

图 10-8　螺旋输送装置

磁选皮带：磁选皮带的作用是剔除物料中的铁屑和铁杂质。微波是一种电磁波，微波场从根本上讲是一种电磁场，金属物体在电磁场里，容易产生放电现象。

除尘振筛：除尘振筛的作用是清除原料中的灰尘和其他杂质。在高温环境下，一定浓度的烟尘属于易燃物，因此，物料在进入腔体前，必须经过除尘处理。

梗介分层振筛：梗介分层振筛的作用是将物料均匀铺送至微波皮带上，同时在物料下层铺送底层介质。铺送底层介质的原因有两个：第一，铺送底层介质后，物料上下两层均与介质接触，接触面积增大，能量传递效率提高。第二，底层介质位于皮带和物料中间，当物料发生打火现象时，能够有效地保护微波皮带不被损坏。

微波皮带：微波皮带的作用是将物料和介质均匀送入微波腔体。系统选用的皮带是四氟乙烯皮带。它有四大特点：不吸收微波、耐高温、延展性好、容易折断。这些特点决定了它是微波系统很好的传输载体，但在调整皮带时，应当注意不宜太紧，否则皮带很容易折断。

微波抑制器：微波抑制器位于腔体的前端和后端。它的特殊设计会改变微波的传播方向，能够有效地抑制微波漏能。

微波腔体：微波腔体是膨化原料的地方。微波腔体门又名抗流门，它的机械设计经过特殊工艺处理，能够有效抑制微波泄漏。此外，微波门的开关信号经过电气连锁设计，微波门处于开启状态时，磁控管不能工作，能够有效地保护人身安全。

梗介分离振筛：梗介分离振筛的作用是将膨化梗和介质分离开来。此外，它能够迅速冷却膨化梗。

微波膨胀单元见图 10-9。膨胀烟梗和梗介分离后膨胀烟梗分别见图 10-10 和图 10-11。

图 10-9　微波膨胀单元

图 10-10　膨胀后烟梗

图 10-11　梗介分离后膨胀烟梗

（二）烟梗制丝段

制丝段在结构上由洗梗设备、回潮设备、切丝设备和传输设备四大部分组成。其中切丝设备为主体设备。制丝段工艺流程见图 10-12。

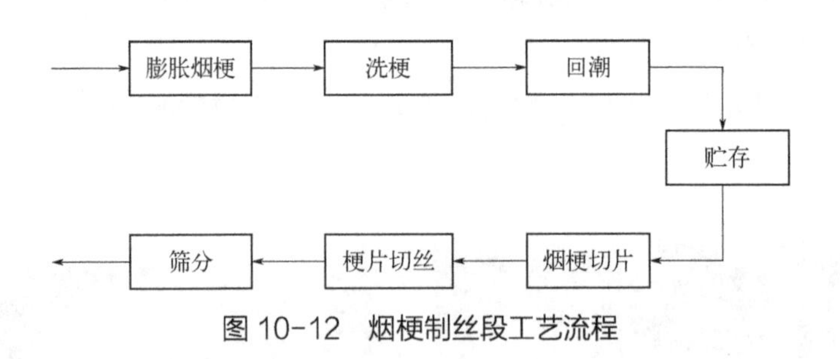

图 10-12　烟梗制丝段工艺流程

膨胀后的烟梗必须经过洗梗和再次回潮处理才能进行复切成丝。洗梗的主要目的有两个：一是适当增加烟梗的含水率和温度，以满足后续工序的加工要求；二是除去烟梗表面的灰尘和烟梗中的非金属杂物（石英砂）。

烟梗经微波膨胀后，如按传统制丝方式切成片状梗丝，因其性状与叶丝的较大差异，不能与叶丝掺配混合均匀，导致卷烟感官质量的波动，因此微波膨胀烟梗工艺采用的是二次切丝的方法，即先切片再切丝，而传统烟梗采用的是先压梗再切丝或直接切丝方法，从两种成型方法比较来看，一次切片二次切丝工艺下梗丝基本呈丝状，形态与烟丝基本相近，混合后很难分辨。

烟梗制丝段的设备和梗丝成品见图 10-13～图 10-16。

图 10-13　洗梗

图 10-14　烟梗回潮

图 10-15　一次切梗

图 10-16　切梗丝

（三）恢复定型段

在两次切丝过程中，烟梗回潮后受到极大的机械力挤压，梗丝体积被压缩，采用微波二次烘干可相应产生一定膨胀效应，可使体积得以恢复，达到使用要求的填充值。

恢复段设备结构和具体工艺非常简单，工艺流程如图 10-17 所示，现场情况见图 10-18。

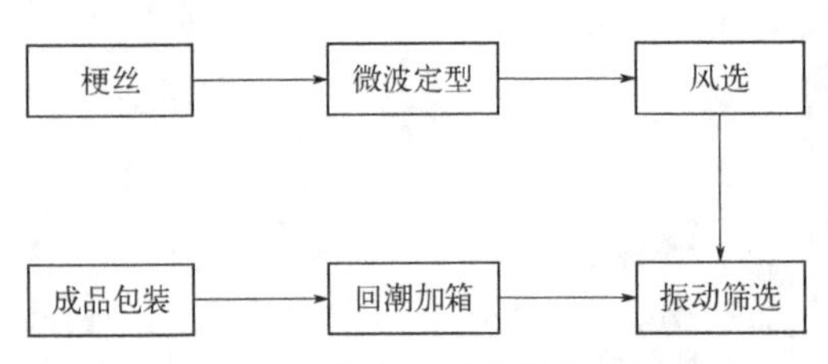

图 10-17　恢复定型段工艺流程图

图 10-18　微波恢复定型

四、微波膨胀梗丝性能及应用效果

（一）微波梗丝特性

1. 填充性能

较传统梗丝，微波膨胀梗丝的填充性能有显著性提高，标准填充值高于传统梗丝约 1.10cm^3/g，见表 10-1。

表 10-1　梗丝标准填充值测试结果

序号	传统梗丝			微波膨胀梗丝		
	实测含水率/%	实测填充值/（cm^3/g）	标准填充值/（cm^3/g）	实测含水率/%	实测填充值/（cm^3/g）	标准填充值/（cm^3/g）
1	5.13	13.07	5.53	6.25	12.84	6.61
2	4.92	13.11	5.33	6.03	12.96	6.44
3	5.22	12.91	5.56	5.81	13.23	6.33

续表

序号	传统梗丝			微波膨胀梗丝		
	实测含水率/%	实测填充值/（cm^3/g）	标准填充值/（cm^3/g）	实测含水率/%	实测填充值/（cm^3/g）	标准填充值/（cm^3/g）
4	4.73	13.13	5.15	5.94	13.03	6.38
5	5.13	12.96	5.49	6.04	12.91	6.43
6	5.05	13.11	5.46	6.32	12.87	6.69
7	4.93	13.17	5.37	6.11	13.15	6.60
8	4.77	13.36	5.28	6.08	12.98	6.50

2. 吸湿保湿能力

传统梗丝及微波膨胀梗丝的吸湿、解湿过程动态曲线见图 10-19、图 10-20。

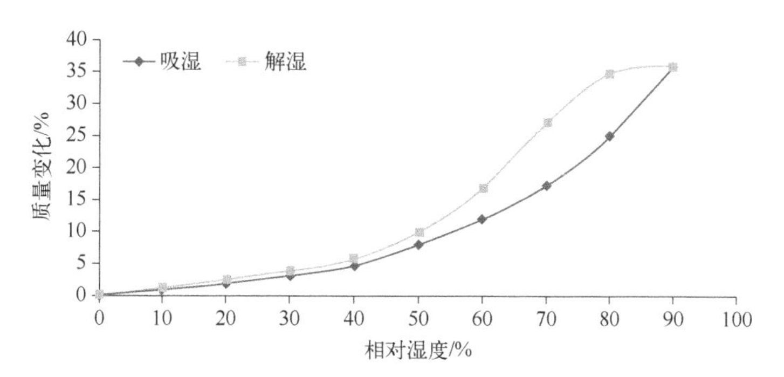

图 10-19　传统梗丝吸湿、解湿情况

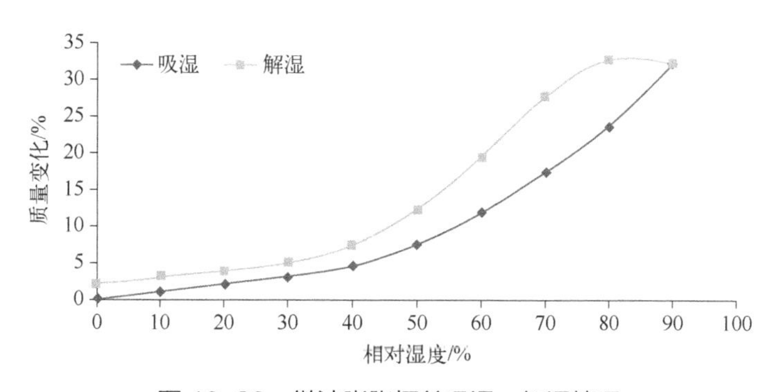

图 10-20　微波膨胀梗丝吸湿、解湿情况

从以上两图可看出，相对湿度在 10%～60%时，微波膨胀梗丝的吸湿性优于

传统梗丝，相对湿度70%以上时，传统梗丝吸湿性优于微波膨胀梗丝；在不同湿度状态下，微波膨胀梗丝的吸湿、解湿差值均高于传统梗丝，从两类梗丝的吸湿、解湿曲线图中也可以看出，传统梗丝的循环曲线窄于微波膨胀梗丝，证明微波膨胀梗丝的保湿能力高于传统梗丝，有利于掺配质量的控制；微波膨胀梗丝在相对湿度70%时，保湿能力最强（吸湿、解湿差值10.08%），传统梗丝在相对湿度80%时，保湿能力最强（吸湿、解湿差值9.16%），在相同的保湿要求下，微波膨胀梗丝的湿度控制低于传统梗丝，有利于能源的节约。

3. 梗丝结构与耐加工性

较传统梗丝，微波膨胀梗丝的尺寸较小，主要分布在1.0～2.5mm区间（61.4%），2.5～3.35mm区间（33.2%），见表10-2。

表10-2 两种梗丝各尺寸分布占比统计结果

梗丝尺寸	传统梗丝	微波膨胀梗丝
>3.35mm	23.12%	0.22%
2.5～3.35mm	50.76%	33.19%
1.0～2.5mm	24.46%	61.37%
<1.0mm	1.66%	5.22%

微波膨胀梗丝的耐加工性优于传统梗丝，整丝率降低与碎丝率增加两项指标均低于传统梗丝，见表10-3。

表10-3 两种梗丝整丝率变化率、碎丝率变化率统计结果

项目	传统梗丝	微波膨胀梗丝
整丝率变化率（>2.5mm）	−6.06%	−2.28%
碎丝率变化率（<1.0mm）	+0.70%	+0.26%

4. 感官特性

微波膨胀梗丝的总体质量水平优于传统梗丝，主要体现在香气特征与口感特征，烟气特征指标与传统梗丝无显著差异。较传统梗丝，微波膨胀梗丝的木质杂气较轻（得分高，杂气轻），甜韵较突出，口腔干净程度改善较明显、刺激较小（得分高，刺激小），与清甜韵风格产品的配伍性较高。传统梗丝与微波膨胀梗丝感官质量对比见表10-4。

表 10-4 梗丝感官质量对比

梗丝	香气特征		烟气特征		口感特征				总分
	香气质（15）	杂气（10）	浓度（10）	细腻度（10）	刺激性（15）	干燥感（15）	干净（10）	舒适性（15）	
传统梗丝	13.0	8.0	7.5	8.0	12.5	12.0	8.5	12.5	82.0
微波梗丝	13.5	9.0	8.0	8.0	13.5	13.0	8.5	13.0	86.5

传统梗丝：香气主要是烤香、焦香，木质杂气较重，带有明显枯焦气息，口腔残留较明显，明显的口腔灼热感和喉部热刺感

微波膨胀梗丝：香气以烤甜香、焦甜香、木香为主，以一定的清甜香气为辅，稍带枯焦气息和木质气，口腔较干净，口腔灼热感和喉部热刺感较轻

5. 主流烟气

在相同原料以及卷制技术条件一致的前提下，微波膨胀梗丝的抽吸口数、焦油、烟碱量、一氧化碳量均与传统梗丝存在显著差异。相较传统梗丝，微波膨胀梗丝的抽吸口数增加约 0.91 口/支、焦油量降低 0.90mg、烟碱量降低 0.01mg、一氧化碳量降低 2.37mg，传统梗丝与微波膨胀梗丝主流烟气对比见表 10-5。

表 10-5 梗丝主流烟气对比

检测序号	平均质量/（g/支）	抽吸口数/（口/支）	焦油量/mg	烟碱量/mg	一氧化碳量/mg
传统梗丝	0.61	4.00	4.25	0.15	9.18
微波梗丝	0.61	4.91	3.35	0.14	6.81

6. 常规化学成分

微波膨胀梗丝相较传统梗丝，常规化学成分中减幅较为明显的项目有还原糖（−6.82%）、烟碱量（−20.41%）、烟碱氮（−22.22%）、施木克值（−5.96%）；常规化学成分中增幅较为明显的项目有总糖量（+6.42%）、总挥发碱（+14.29%）、总氮量（+11.79%）、蛋白质（13.22%）、氮碱比（+40.14%）、含氯量（+17.53%）、糖碱比（+33.61%）、氨态碱（+100.00%），对比数据见表 10-6。

表 10-6 梗丝常规化学成分对比

化学成分	传统梗丝	微波膨胀梗丝	变化量	变幅/%
总糖量/%	17.59	18.72	1.13	6.42%
还原糖/%	14.51	13.52	−0.99	−6.82%
烟碱量/%	0.49	0.39	−0.10	−20.41%
总挥发碱/%	0.07	0.08	0.01	14.29%
总氮量/%	1.95	2.18	0.23	11.79%
烟碱氮/%	0.09	0.07	−0.02	−22.22%

续表

化学成分	传统梗丝	微波膨胀梗丝	变化量	变幅/%
蛋白质/%	11.65	13.19	1.54	13.22%
施木克值	1.51	1.42	−0.09	−5.96%
氮碱比	3.96	5.55	1.59	40.15%
含氯量/%	1.94	2.28	0.34	17.53%
含钾量/%	5.41	5.63	0.22	4.07%
糖碱比	35.73	47.74	12.01	33.61%
氨态碱/%	0.02	0.04	0.02	100.00%

（二）微波膨胀梗丝应用特性

1. 掺配微波梗丝对烟支物理特性的影响

（1）烟支吸阻

随梗丝掺配比例递增，吸阻指标呈上升趋势；较传统梗丝，掺配微波膨胀梗丝卷制样品的吸阻指标整体上约高 51.5Pa；梗丝掺配比例在 8%～33%区间时，每增加 5%微波膨胀梗丝掺配比例，吸阻约提高 13.3Pa；每增加 5%传统梗丝掺配比例，吸阻约提高 12.5Pa。微波膨胀梗丝提升吸阻的效应高于传统梗丝，见图 10-21。

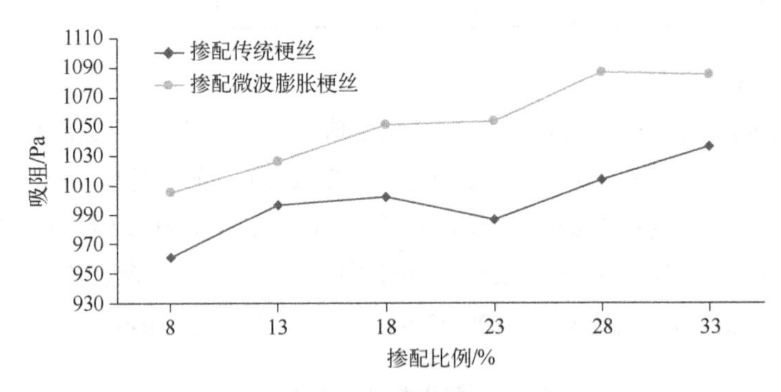

图 10-21　掺配比例递增吸阻变化趋势图

（2）烟支硬度

掺配传统梗丝卷制样品，随掺配比例递增，硬度指标无明显变化趋势；掺配微波膨胀梗丝卷制样品，随掺配比例递增，硬度指标呈上升趋势；较传统梗丝，掺配微波膨胀梗丝卷制样品的硬度指标整体上约高 3.0%。每增加微波膨胀梗丝 5%掺配比例，硬度指标约提高 0.9%，见图 10-22。

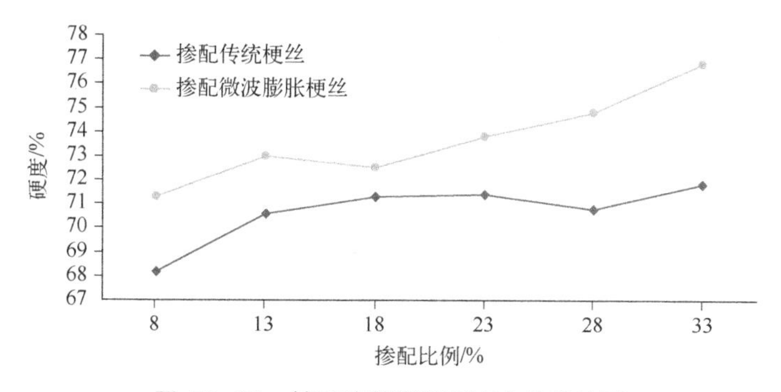

图 10-22 掺配比例递增硬度变化趋势图

（3）端部落丝量

在正常比例、极限比例下，掺配两种梗丝卷制样品的端部落丝量无显著差异；掺配两种梗丝的卷制样品，随掺配比例的增加，端部落丝量呈降低趋势，见表 10-7。

表 10-7 两种掺配比例下端部落丝量对比

检测组序号	传统梗丝		微波膨胀梗丝	
	掺配比例 13.0%	掺配比例 33.0%	掺配比例 13.0%	掺配比例 33.0%
1号	4.0	3.1	4.0	2.8
2号	7.2	2.6	5.5	4.7
3号	7.5	2.6	4.2	3.8
4号	5.2	4.1	3.5	4.2
5号	3.5	2.0	2.5	3.2
6号	3.8	1.6	5.4	2.1
平均值	5.20	2.67	4.18	3.47

2. 感官质量

在梗丝未施加料液表香、混合丝未施加表香、掺配比例相同的条件下，相较传统梗丝，掺配微波膨胀梗丝样品的感官质量有明显提升（综合得分提高约 0.84）；随掺配比例递增，掺配微波膨胀梗丝样品的香气、杂气、刺激性指标降低趋势好于掺配传统梗丝样品，见图 10-23。

3. 主流烟气

（1）抽吸口数

掺配传统梗丝卷制样品，随掺配比例递增，抽吸口数呈降低趋势；掺配微波膨胀梗丝卷制样品，随掺配比例递增，抽吸口数无明显变化趋势，说明微波膨胀梗丝与叶丝的燃烧速率基本一致。梗丝掺配比例≥13%时，掺配两种梗丝卷制样品的抽吸口数开始有明显差异；微波膨胀梗丝掺配比例在8%～33%区间，抽吸口数可保持在7.7口/支左右；传统梗丝掺配比例在8%～33%区间，每增加5%掺配比例，抽吸口数约降低0.15口/支，见图10-24。

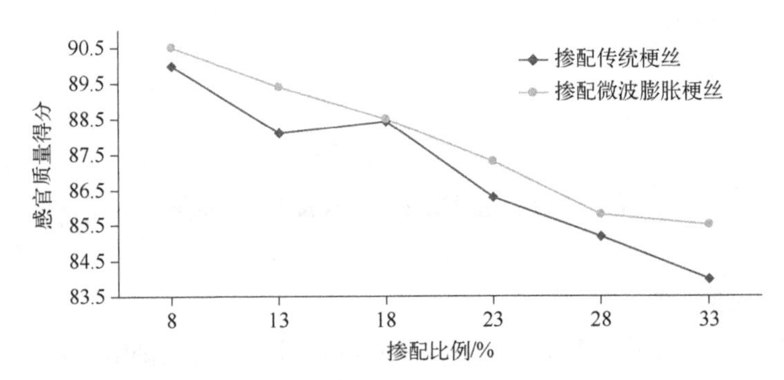

图10-23　不同掺配比例卷制样品感官质量得分趋势图

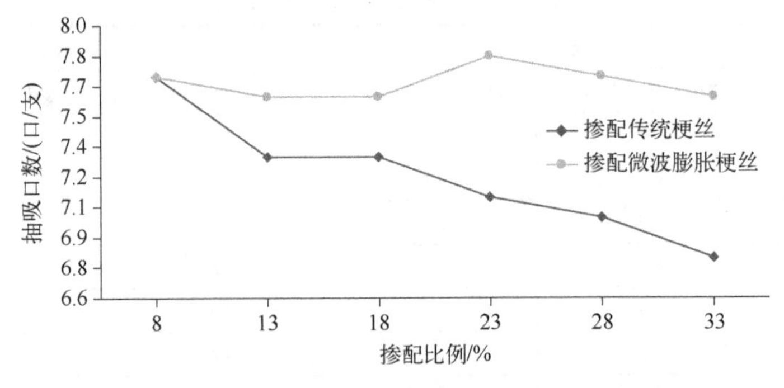

图10-24　掺配比例递增抽吸口数趋势图

（2）焦油量

掺配两种梗丝卷制样品，随掺配比例递增，焦油量呈降低趋势；较传统梗丝，掺配微波膨胀梗丝卷制样品的焦油量整体上约降低0.4mg；梗丝掺配比例在8%～33%区间时，每增加5%掺配比例，掺配两种梗丝卷制样品的焦油量均降低约0.33mg，趋势基本一致，但掺配微波膨胀梗丝卷制样品的焦油量降低是在抽吸口数保持不变的条件下实现的，说明微波膨胀梗丝降低焦油的效果高于传统梗丝，见图10-25。

（3）烟碱量

掺配两种梗丝卷制样品，随掺配比例递增，烟碱量呈降低趋势；梗丝掺配比例在 8%～33%区间时，每增加 5%微波膨胀梗丝掺配比例，烟碱量降低约 0.04mg；每增加 5%传统梗丝掺配比例，烟碱量降低约 0.06mg；微波膨胀梗丝降低烟碱的效果略低于传统梗丝，见图 10-26。

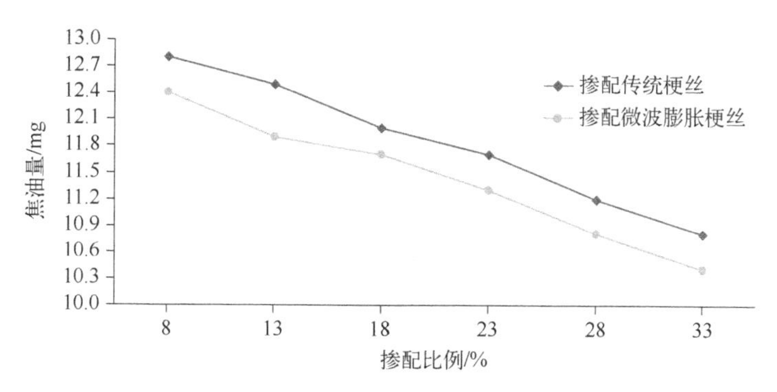

图 10-25　掺配比例递增焦油量趋势图

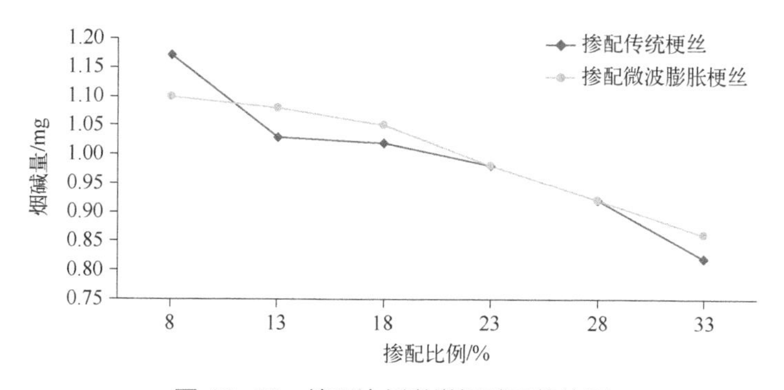

图 10-26　掺配比例递增烟碱量趋势图

（4）一氧化碳量

掺配两种梗丝卷制样品，随掺配比例递增，一氧化碳无明显变化趋势；较传统梗丝，掺配微波膨胀梗丝卷制样品的一氧化碳量整体上降低约 1.0mg，其降低一氧化碳的效果高于传统梗丝，见图 10-27。

4．掺配微波梗丝的混配均匀性

在正常掺配比例（13.0%）与极限掺配比例（33.0%）两种条件下，微波膨胀梗丝卷制样品混合均匀度均略高于掺配传统梗丝卷制样品，见表 10-8。

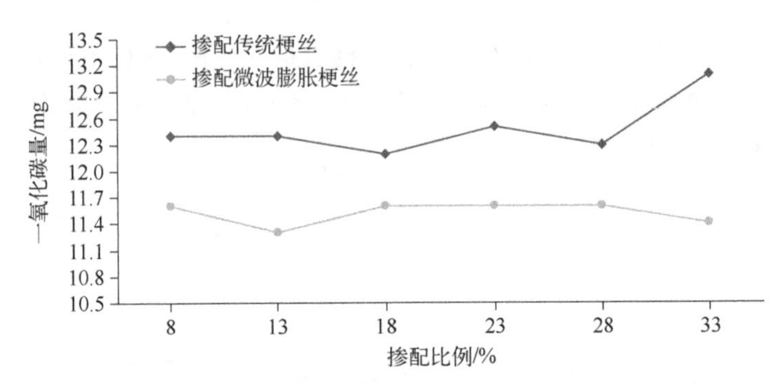

图 10-27　掺配比例递增一氧化碳量趋势图

表 10-8　混合均匀度对比

项目	传统梗丝 掺配比例 13.0%	微波膨胀梗丝 掺配比例 13.0%	传统梗丝 掺配比例 33.0%	微波膨胀梗丝 掺配比例 33.0%
特征值平均值/%	25.412	23.901	34.059	30.070
特征值标准偏差/%	0.797	0.572	0.964	0.811
混合均匀度/%	96.862	97.608	97.169	97.304

5. 卷烟危害性指数

掺配两种梗丝卷制样品，线性关系显著，随掺配比例递增，卷烟危害性指数呈明显下降趋势；较传统梗丝，掺配微波膨胀梗丝卷制样品的危害性指数整体上约降低 0.10，降低卷烟危害性指数的效果略高于传统梗丝，见图 10-28。

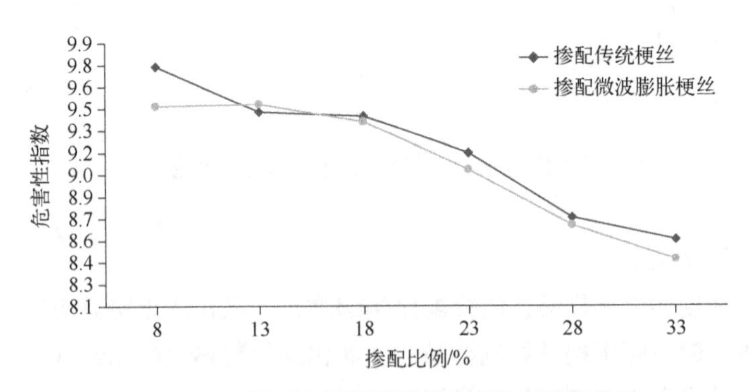

图 10-28　掺配比例递增卷烟危害性指数趋势图

第十一章　梗丝品质改性技术

对梗丝的生化处理主要有三种方法：一种是添加化学添加剂改善梗丝的感官质量；第二种是通过酶制剂的酶解作用降解烟梗中的木质素等不利于感官质量的成分；第三种是利用微生物发酵的方法改善烟丝的感官质量。

一、化学处理技术

化学方法主要包括：一是针对烟梗化学成分的缺陷，添加化学及天然提取物，以改变烟梗化学成分，提高成分的合理性；二是添加化学成分，降解烟梗中不利于感官质量的木质素、纤维素等大分子物质；三是利用化学溶剂对烟梗中不利于品质质量的成分进行提取，以提高烟梗的质量。

早在20世纪70年代，国外烟草企业就开展了提高梗丝感官品质的技术研究。如日本烟草公司根据烟梗和片烟的化学差异和烟气组成差异，分别向梗丝中添加烟叶提取物、甲醇提取物、糖、苯酚、绿原酸、茄尼醇、烟碱的有机酸盐等化合物，以提升梗丝的香气和香味、降低刺激性。英美烟草公司向“555”卷烟的梗丝配方中添加茶/蜂蜜混合物，能够显著提高梗丝的抽吸品质。

陶红等[1]利用稀碱液对梗丝进行浸泡处理，可以明显降低烟梗中木质纤维素含量和木质气、刺激性，改善烟梗的香气特征，提高烟梗的使用价值。其处理条件为NaOH浓度为1.0%、浸泡温度70℃、浸泡时间为1.5h、H_2O_2浓度为1.0%，经稀碱液处理后，烟梗组成成分变化见表11-1。

表11-1　烟梗碱处理前后组成成分含量变化

烟梗	水分/%	总糖/%	总氮/%	总碱/%	细胞壁物质/%	木质素/%
碱处理	7.52	6.52	0.83	未检出	26.35	6.29
对照	3.46	16.80	2.07	0.52	39.06	8.43

碱处理前后烟梗的扫描电镜照片见图 11-1。从图看出：未经处理的烟梗结构致密、上面覆盖有一个由草本植物蜡质形成的薄层；经过碱处理，烟梗表面的蜡质层消失，整体结构仍然较完整，同时原料表面的纹路更薄，表明木质素被溶解，纤维素暴露出来。

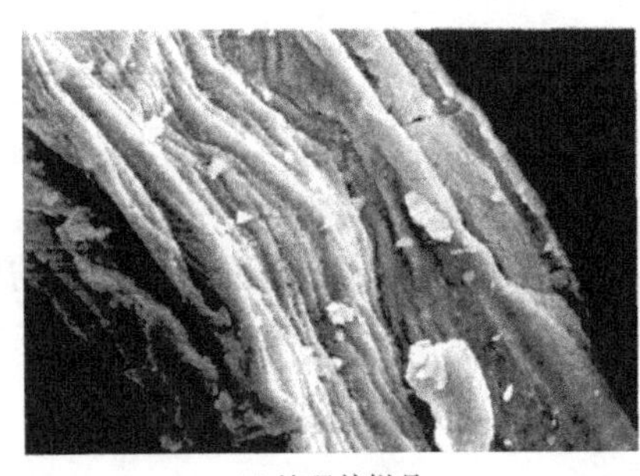

(a) 处理前样品

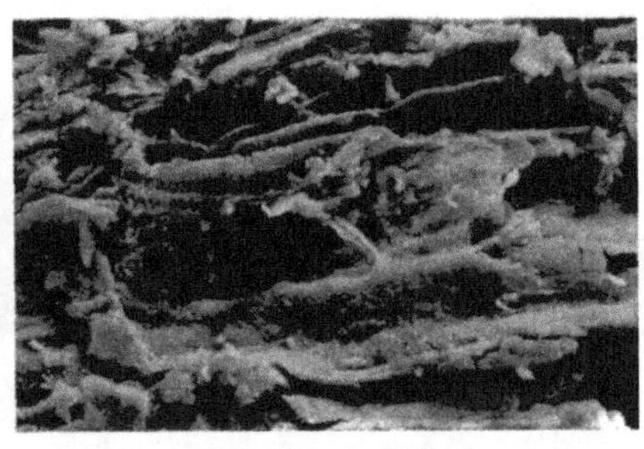

(b) 碱处理1.5h后样品

图 11-1　烟梗经过处理前后的 SEM 图（×1000）

徐世涛等[2]为改善梗丝在燃吸时香气淡薄、余味差、木质气重、刺激性大等缺点，对梗丝和烟丝的化学成分进行了综合分析，并结合分析结果，在烟用梗丝中添加绿原酸、黄酮类等多酚物质，以对梗丝的化学成分进行补充。经感观评吸和烟气代谢组学实验验证，在梗丝中添加天然多酚类添加剂后，梗丝的品质明显得到改善，在减轻杂气、降低刺激性、增加烟气的整体协调性等方面具有较为明显效果。

由表 11-2 可以看出梗丝中多酚含量比烟丝中的含量低得多，纤维素、果胶等的含量又大大高于烟丝，有机酸的含量则略高于烟丝。根据数据对比，在梗丝中补充添加天然多酚类物质添加剂，提高梗丝的多酚含量，有利于改善梗丝内在品质，减轻杂气、降低刺激性、增加烟气的整体协调性。

表 11-2　梗丝和烟丝的化学成分

样品	有机酸/%	细胞壁物质/%	木质素/%	果胶/%	纤维素/%	多酚/%
梗丝	9.41	31.74	5.85	4.97	15.26	0.724
烟丝	8.29	19.99	8.36	2.63	8.75	2.933

在 8 个梗丝对照样 A、B、C、D、E、F、G、H 中，A、B、C、D 添加 A 添加剂，添加比例分别为 1%、2%、3%和 4%；E、F、G、H 添加 B 添加剂，添加比例分别为 1%、2%、3%和 4%，见表 11-3。

表 11-3 梗丝化学成分补充方案

添加剂	添加剂组成	添加量/%			
A	绿原酸＋黄酮类（10＋1）	1	2	3	4
B	绿原酸＋黄酮类（5＋1）	1	2	3	4

由表 11-4 感官评吸结果可以看出：与对照样相比，试验样的减轻杂气、降低刺激性、增加烟气的整体协调性等指标都具有较为明显改善和提高，从整体效果看，B 和 G 效果最佳。

表 11-4 感官评吸结果

质量指标	对照	A	B	C	D	E	F	G	H
香气	28.50	28..52	29.30	29.10	28.62	28.58	29.45	29.21	29.06
杂气	21.77	22.15	22.63	22.65	22.69	21.81	22.23	22.42	22.35
刺激性	17.22	17.53	18.27	18.14	18.09	17.35	18.11	17.50	18.06
余味	10.25	10.55	10.69	10.46	10.42	10.55	10.55	10.62	10.47

包秀萍[3]采用梗丝水洗涤后添加功能性料液的方法改善梗丝品质。其工艺流程见图 11-2。

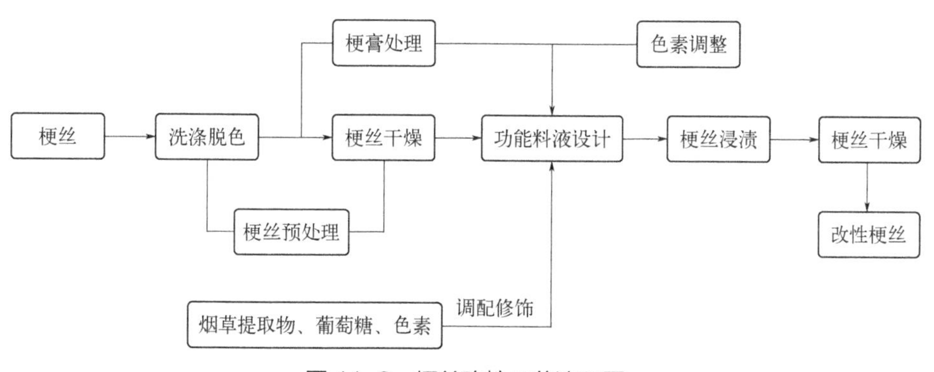

图 11-2 梗丝改性工艺流程图

功能性料液为烟草提取物、梗膏、色素、葡萄糖保润剂等。对改性梗丝和成品梗丝样品进行常规化学成分分析，发现改性梗丝总糖含量降低 33.3%，总植物碱升高 188%，总氮含量降低 18.9%，淀粉含量降低 16%，如表 11-5 所示。由此可见，梗丝在预处理过程中，不但大大降低了不利于梗丝抽吸品质的成分，同时糖、烟碱、烟草主要致香物质等对烟草品质有利的化学成分也有部分流失。梗丝需再经过功能料液浸渍回填处理，调整梗丝中糖、烟碱、钾、硝酸盐、烟草主要致香成分等，达到去劣补优的改性处理目的，整体提升梗丝抽吸品质。

表 11-5　成品梗丝、改性梗丝常规化学成分分析

样品名称	总糖/%	总植物碱/%	总氮/%	淀粉/%	蛋白质/%
成品梗丝	21.6	0.67	2.17	0.94	4.67
改性梗丝	14.4	1.93	1.76	0.79	3.21

如表 11-6 所示，改性梗丝与成品梗丝致香成分含量变化明显，从致香成分总量上看，改性梗丝致香成分总量为 344.88μg/g，成品梗丝致香总量为 99.775μg/g，改性梗丝致香成分较成品梗丝提升了 3.46 倍。

表 11-6　改性梗丝与空白梗丝、成品梗丝致香成分对比

类别	保留时间/min	化合物名称	致香成分含量/（μg/g）		
			空白梗丝	成品梗丝	改性梗丝
酮类	2.3	1-戊烯-3-酮	0.312	0.428	0.704
	2.44	3-羟基-2-丁酮	0.117	0.268	0.378
	3.53	面包酮	0.277	0.255	0.805
	4.71	2-环戊烯-1,4-二酮	0.569	0.686	1.446
	5.16	1-(2-呋喃基)-乙酮	0.214	0.165	1.125
	6	3-己烯-2,5-二酮	—	—	0.264
	6.52	6-甲基-5-庚烯-2-酮	—	—	0.662
	7.28	甲基环戊烯醇酮	—	—	0.151
	9.52	氧化异佛尔酮+未知物	0.17	0.26	0.121
	10.97	胡薄荷酮	0.036	0.061	0.092
	13.43	茄酮	4.047	4.457	8.698
	13.64	*α*-二氢大马酮	—	—	0.517
	13.8	*β*-大马酮	0.774	0.961	2.831
	14.28	*β*-二氢大马酮	0.139	0.237	2.402
	14.83	香叶基丙酮	0.368	0.544	2.232
	15.44	*β*-紫罗兰酮+未知物	0.446	0.786	2.654
	17	巨豆三烯酮 A	0.116	0.263	1.746
	17.36	巨豆三烯酮 B	0.426	0.602	3.873
	18.06	巨豆三烯酮 C	0.097	0.329	1.368
	18.3	巨豆三烯酮 D	0.478	0.717	4.258
	20.73	降茄二酮	0.228	0.15	0.391

续表

类别	保留时间/min	化合物名称	致香成分含量/（μg/g）		
			空白梗丝	成品梗丝	改性梗丝
酮类	21.42	茄那士酮	0.662	0.976	1.383
	23.02	金合欢基丙酮 A	1.034	1.571	7.597
	28.62	金合欢基丙酮 B	0.385	0.64	2.118
	合计		10.895	14.356	47.816
醇类	2.68	3-甲基-1-丁醇	0.204	0.176	0.065
	4.21	糠醇	0.273	0.393	1.906
	7.42	苯甲醇	0.462	0.699	1.04
	8.66	芳樟醇	0.049	0.069	0.271
	8.94	苯乙醇	0.425	1.78	1.071
	10.08	薄荷醇	—	0.866	7.559
	18.64	3-氧代-α-紫罗兰醇	—	—	1.645
	24.96	寸拜醇	2.341	1.422	11.399
	25.56	植醇	2.993	4.307	11.276
	27.16	西柏三烯二醇	1.152	1.676	3.143
	合计		7.899	11.388	39.375
醛类	3.25	3-甲基-2-丁烯醛	0.049	0.064	0.147
	3.43	己醛	0.209	0.317	0.303
	3.9	糠醛	3.165	3.828	6.967
	6.06	苯甲醛	0.181	0.187	0.146
	6.1	5-甲基糠醛	0.159	0.192	1.752
	6.72	2,4-庚二烯醛 A	0.159	0.298	0.138
	6.98	2,4-庚二烯醛 B	0.158	0.239	0.116
	7.63	苯乙醛	1.551	1.884	3.355
	8.76	壬醛	0.207	0.384	0.46
	9.68	2,6-壬二烯醛	0.092	0.073	0.13
	10.61	藏花醛	0.152	0.339	0.35
	19.79	十四醛	0.276	0.457	1.013
	合计		6.358	8.262	14.877
酸类	3.97	异戊酸	—		0.256
	4.15	2-甲基丁酸	—	—	0.35
	5.69	3-甲基戊酸	—	—	0.164
	5.92	糠酸	0.129	0.177	0.749
	6.35	己酸	—	—	0.37

续表

类别	保留时间/min	化合物名称	致香成分含量/（μg/g）		
			空白梗丝	成品梗丝	改性梗丝
酸类	9.95	辛酸	—	—	0.446
	11.71	壬酸	—	—	1.059
	13.36	癸酸	—	—	0.514
	16.82	月桂酸	—	—	1.269
	20.6	肉豆蔻酸	0.208	0.78	7.553
	22.15	十五酸	0.606	0.658	—
	23.75	棕榈酸	7.889	27.176	79.64
	合计		8.832	28.791	92.37
杂环类	2.82	吡啶	0.605	0.333	0.35
	5.83	2-吡啶甲醛	0.095	0.109	0.16
	6.61	2-戊基呋喃	0.353	0.411	0.344
	6.77	4-吡啶甲醛	0.086	0.144	0.311
	6.92	1*H*-吡咯-2-甲醛	—	—	0.183
	7.54	3,4-二甲基-2,5-呋喃二酮	—	—	0.196
	7.92	1-(1*H*-吡咯-2-基)-乙酮	0.62	1.884	1.035
	8.83	1-(3-吡啶基)-乙酮	0.039	0.049	0.181
	9.11	1-甲基-1*H*-吡咯-2-甲醛	—	—	0.284
	9.69	5-庚基二氢-2(3*H*)-呋喃酮	—	0.11	—
	10.48	苯并［*b*］噻酚	0.121	0.11	0.252
	10.83	2,3-二氢苯并呋喃	0.057	30.13	0.471
	12.24	吲哚	0.175	0.234	0.899
	16.1	3-(1-甲基乙基)(1*H*)吡唑［3,4-*b*］吡嗪	—	—	1.136
	16.35	2,3-联吡啶	0.116	0.31	0.961
	21.02	蒽	0.256	0.384	0.965
	合计		2.523	4.226	7.728
酯类	5.19	丁内酯	0.088	0.103	0.201
	13.1	三醋酸甘油酯	—	—	1.919
	16.42	二氢猕猴桃内酯	0.285	0.514	1.471
	19.9	肉豆蔻酸甲酯+未知物	0.309	0.408	4.087
	20.75	苯甲酸苯甲酯	—	0.39	1.259
	22.33	邻苯二甲酸二丁酯	1.172	1.908	15.391
	23.08	棕榈酸甲酯	1.149	1.568	4.661
	24.03	棕榈酸乙酯	1.22	2.865	17.401

续表

类别	保留时间/min	化合物名称	致香成分含量/（μg/g）		
			空白梗丝	成品梗丝	改性梗丝
酯类	25.45	亚麻酸甲酯	6.159	7.266	19.549
	26.13	亚油酸乙酯	—	—	14.41
	26.22	亚麻酸乙酯			22.774
	26.49	硬脂酸乙酯			7.672
	合计		10.382	15.022	110.795
萜烯类	21.84	新植二烯	11.71	13.574	28.151
酚类	8.49	2-甲氧基-苯酚	0.016	1.884	0.13
	10.52	乙基麦芽酚		0.129	
	12.57	2-甲氧基-4-乙烯基苯酚	0.362	0.667	1.011
	13.31	丁子香酚		1.164	1.104
	合计		0.378	3.844	2.245
其他	14.51	去氢去甲基烟碱	0.019	0.053	0.671
	15.96	丁基化羟基甲苯	0.139	0.259	0.852
	合计		0.158	0.312	1.523
致香成分总量			59.135	99.775	344.88

二、酶处理技术

与烟叶相比，烟梗或梗丝中的细胞壁物质（果胶、纤维素、半纤维素和木质素等）含量较多，感官品质存在刺激性大、杂气重、香气质量较差的缺点。采用在烟梗或梗丝中添加酶制剂，在一定程度上使得这些细胞壁物质得以降解，以提高梗丝的感官质量，主要是降低刺激性、减轻杂气等。

许春平[4]等利用青霉菌产果胶酶来降解梗末中的果胶，加酶质量分数 6%，料液比 1g∶3mL，酶解温度 50℃，酶解时间 2h，该条件下果胶的降解率最高达到 38.92%。同时由于果胶较纤维素和淀粉的燃烧能力较差，因此经过果胶酶处理后的烟梗其燃烧性也得以提升，热失重实验表明，加酶组和空白组加热失重趋势基本一致，加酶组和空白组梗末在 347.6℃和 325.6℃失重速率最大（图 11-3）。而空白组最后的残重为 24.46%，加酶组经降解果胶后的残重为 9.84%，也就证明了梗末经青霉菌产果胶酶降解果胶后燃烧性得到了提升。

张见[5]利用果胶酶和纤维素酶对梗丝进行处理：一方面可以将纤维素和果胶降解为糖类物质，减少糖分在工艺阶段的添加；另一方面又可以降低纤维素和果胶给卷烟感官质量带来的不良气息，增加梗丝在卷烟中的使用比例，节约原料成本。表 11-7 为三种酶对梗丝中果胶及纤维素的作用效果。

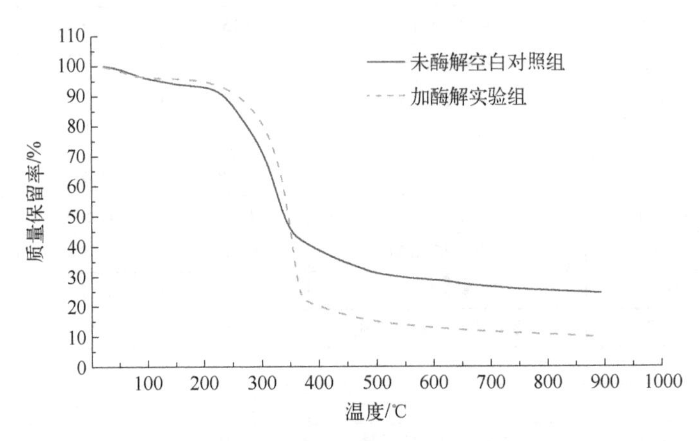

图 11-3　烟梗酶解前后的热重对比分析

表 11-7　三种酶作用梗丝的效果

酶样品	还原糖/%	果胶/%	纤维素/%
空白	13.16	12.20	19.95
果胶酶Ⅰ	14.85	6.14	19.83
果胶酶Ⅱ	15.14	7.32	19.63
纤维素酶Ⅰ	14.60	10.24	17.51
混合 1（果胶酶Ⅰ+纤维素酶Ⅰ）	15.97	3.68	16.47
混合 2（果胶酶Ⅰ+纤维素酶Ⅰ）	16.35	4.12	15.84
混合 3（果胶酶Ⅰ+果胶酶Ⅱ+纤维素酶Ⅰ）	16.75	3.01	15.39

从表 11-7 可以看出，果胶酶和纤维素酶Ⅰ均对梗丝中还原糖含量有不同的增加效果，增幅在 10%以上，且果胶酶Ⅰ和果胶酶Ⅱ相比，果胶酶Ⅱ更可以促进还原糖的生成。果胶酶Ⅰ和果胶酶Ⅱ对梗丝中果胶降解的影响较显著，但对纤维素降解的影响较小，同时果胶酶Ⅰ对果胶的降解效果要稍微好于果胶酶Ⅱ。纤维素酶Ⅰ对梗丝中纤维素降解效果较明显，但对果胶降解的影响较小，说明果胶酶和纤维素酶Ⅰ对果胶和纤维素的降解均有局限性，单独施加一种酶均不能使得果胶和纤维素同时有良好的降解效果。此外，混合 1（果胶酶Ⅰ+纤维素酶Ⅰ）和混合 2（果胶酶Ⅰ+纤维素酶Ⅰ）的酶解效果要好于果胶酶或纤维素酶Ⅰ的单独添加效果，但均低于混合 3（果胶酶Ⅰ+果胶酶Ⅱ+纤维素酶Ⅰ）的酶作用效果，说明不

同来源的果胶酶存在互补性；同时可以看出混合1比混合2对果胶的降解效果好，但混合2对还原糖的增加和纤维素的降解促进作用要略微好于混合1，这样单酶施加的效果是相吻合的。为同时满足降解纤维素和果胶的要求，也考虑到不同来源的酶的互补性和协调性以及结合酶学性质分析表明复配是可行的，同时通过初步实验也说明两种酶混合（果胶酶Ⅰ和纤维素酶Ⅰ、果胶酶Ⅱ和纤维素酶Ⅰ）不如三种混合（果胶酶Ⅰ+果胶酶Ⅱ+纤维素酶Ⅰ）效果好。

对于烟草制品来说，蛋白质是一种不利于燃吸质量的化学成分，烟叶中蛋白质含量过高，燃吸时会产生如同燃烧羽毛的臭味，同时还会产生辛辣、苦涩的感觉。烟叶中蛋白质的水解和进一步转化的产物又可以产生烟草的致香物质[6]。刘晶等利用中性蛋白酶对梗浆中的蛋白质进行酶解，确定最佳酶解条件，调控烟草中蛋白质的含量[7]，研究结果表明，烟梗浆料蛋白质的最佳酶解条件为：在pH 6.4～7.2、反应温度35～55℃、中性蛋白酶用量400～800U/g的条件下酶解2～3h，烟梗浆料蛋白质的脱除率可达55.70%左右。肖瑞云等利用不同复合酶处理烟梗，结果表明，处理后，烟梗的化学成分含量以及相互间的协调性指标均有改善；0.01%的复合酶A处理后烟梗的化学成分含量以及相互间的协调性综合表现最好，感官评吸质量明显提高。表11-8和表11-9为不同复合酶处理后梗丝化学成分及化学成分协调性的变化。

表11-8 不同复合酶处理后烟梗的化学成分

处理方式	总糖/%	还原糖/%	烟碱/%	总氮/%	总挥发碱/%	淀粉/%
A1	13.96	11.04	0.46	1.34	0.045	1.69
A2	14.12	11.40	0.43	1.33	0.045	1.95
A3	14.04	10.91	0.49	1.32	0.045	2.07
B1	13.69	10.71	0.45	1.32	0.045	1.85
B2	14.03	11.38	0.45	1.34	0.042	1.80
B3	14.40	11.28	0.48	1.34	0.048	2.05
C1	13.85	10.71	0.46	1.37	0.048	1.82
C2	14.19	11.38	0.45	1.33	0.045	1.95
C3	14.08	11.28	0.47	1.29	0.043	1.93
CK	11.91	8.02	0.48	1.23	0.039	2.47

表11-9 不同复合酶处理后烟梗的化学成分协调性

处理方式	两糖差	氮碱比	糖碱比	糖氮比
A1	2.92	2.91	30.35	10.42
A2	2.72	3.09	32.84	10.62
A3	3.13	2.69	28.65	10.64

续表

处理方式	两糖差	氮碱比	糖碱比	糖氮比
B1	2.98	2.93	30.42	10.37
B2	2.65	2.98	31.18	10.47
B3	3.12	2.79	30.00	10.75
C1	3.14	2.98	30.11	10.11
C2	2.81	2.96	31.53	10.67
C3	2.80	2.74	29.96	10.91
CK	3.89	2.56	24.81	9.68

由表 11-10 可以看出，加香前的梗条经复合酶处理后评吸，除烟气浓度稍有降低、劲头没有变化外，香气质、香气量、杂气、刺激性、余味得分和总评分数均有 4.5%～31.2%不等的增幅；其中刺激性得分增幅最大，为 31.2%；其他依次是杂气、余味、香气质、香气量，分别为 25.7%、24.3%、13.3%、4.5%。从以上数据可以看出，在未加香的前提下，复合酶处理烟梗的主要作用体现在明显降低刺激性和杂气，改善余味和香气质。

表 11-10　复合酶处理的烟梗感官评吸结果

处理方式	香气质	香气量	浓度	杂气	劲头	刺激性	余味	总分
YM-1	7.17	5.83	5.17	3.86	4.67	5.43	4.71	36.84
YCK-1	6.33	5.58	5.25	3.07	4.67	4.14	3.79	32.83
增幅/%	13.3	4.5	−1.5	25.7	0.0	31.2	24.3	12.2
YM-2	6.83	6.17	5.25	3.71	4.67	4.43	4.14	35.2
YCK-2	5.58	5.17	5.08	2.79	4.67	3.71	3.29	30.29
增幅/%	22.4	19.3	3.4	33.0	0.0	19.4	25.8	16.3

注：YM-1，复合酶处理后的梗条加香前的评吸结果；YM-2，复合酶处理后的梗条加香后的评吸结果；YCK-1，未处理梗条加香前的评吸结果；YCK-2，未处理梗条加香后的评吸结果。

三、微生物处理技术

施林燕以烟梗及梗丝为原料分别进行黑曲霉菌发酵和外加酶处理，部分降低烟梗物料中的果胶质、纤维素和淀粉等物质的含量，改善烟梗物料的内在品质，从而有效提高烟梗及梗丝在卷烟配方中的适用性[8]。

周元清等[9]做了使用木质素降解微生物及木质素降解酶降解木质素，提高烟梗使用价值的研究，结果表明，生物技术处理对烟梗中木质素、纤维素和总细胞壁物质均有较好的降解作用，其中对木质素的降解更加明显。试验结果见表 11-11，从表 11-11 结果可看出，生物技术处理对烟梗纤维素、木质素和总细胞壁物质均有显著的降低作用，其中木质素的降低尤其显著。在本项目中，3 个样品降低幅度均达到了 64.7%～68.4%。

表 11-11　生物技术处理对烟梗纤维素、木质素和总细胞壁物质含量的影响

样品	粗纤维素/%		木质素/%		总细胞壁物质/%	
	对照	处理	对照	处理	对照	处理
烟梗 1	18.6	16.9	16.8	5.46	48.5	41.7
烟梗 2	19.2	16.2	17.5	6.18	51.8	43.6
烟梗 3	20.1	17.4	16.1	5.08	52.8	44.1

生物技术处理对烟梗填充值、焦油和一氧化碳含量的影响见表 11-12，从表 11-12 可以看出，生物技术处理对填充值、焦油和一氧化碳均有显著影响，3 个样品中填充值提高率在 35.2%～42.0%之间；焦油降低率在 27.6%～36.1%之间，一氧化碳降低值在 54.3%～58.1%之间。填充率的增加和一氧化碳的降低对卷烟的降焦减害十分有利。

表 11-12　生物技术处理对烟梗纤维素、木质素和总细胞壁物质含量的影响

样品	填充值/（cm^3/g）		焦油/（mg/支）		一氧化碳/（mg/支）	
	对照	处理	对照	处理	对照	处理
烟梗 1	4.72	6.38	3.2	2.2	8.6	3.6
烟梗 2	4.46	6.16	2.9	2.1	9.2	4.2
烟梗 3	4.58	6.84	3.6	2.3	8.8	3.8

刘文莉等[10]从烟梗中筛选获得一株产类胡萝卜素物质的胶红酵母 YG14（*Rhodotorula Mucilaginosa* YG14）。通过灵芝菌、胶红酵母 YG14 单菌和共培养混菌对梗丝进行固态发酵，并进行了细胞壁物质成分分析、梗丝中性致香成分检测及品吸质量评价。结果表明，将筛选获得的胶红酵母 YG14 与灵芝菌共培养，其混菌固态发酵梗丝在细胞壁物质降解、中性致香成分质量分数和感官品吸等方面的改善效果相比两株菌单独固态发酵梗丝显著增强。共培养混菌固态发酵结束后梗丝总细胞壁物质降解率达到 37.20%；中性致香成分质量分数提高 20.44%；感官品吸评价为甜感提升明显，木质气息改善明显，香气量有一定提升，灼烧刺激感改善明显，香气更显圆润。胶红酵母 YG14 与灵芝菌共培养后固态发酵梗丝能够显著改善梗丝的品质，增加梗丝在卷烟中的利用率。

吴长伟等[11]采用休止细胞微生物发酵技术研究贝莱斯芽孢杆菌（*Bacillus*

velezensis）HF-09 降解烟梗纤维素转化成糖的能力及其定向转化生香的特点。结果表明，对红大烟梗（C3F）固体发酵 10d 后，纤维素、半纤维素降解率分别为 18.98%、30.32%；总糖、还原糖含量增长率分别为 20.10%、21.39%。采用菌株 HF-09 常规发酵和休止细胞发酵处理后，烟梗浸膏中总糖含量分别提升 8.61%和 47.18%，还原糖含量分别提升 6.11%和 38.80%。休止细胞发酵更能显著提高烟梗浸膏中肉豆蔻酸、十五酸、十六酸、棕榈酸甲酯含量，使其分别提升 442.64%、248.40%、165.50%、153.64%。该菌具有在温和条件下高效降解烟梗纤维素转化生糖的能力。同时，菌株 HF-09 休止细胞发酵工艺的转化效率和生香率更高，更具有代谢专一性，适合高品质烟梗浸膏处理，具有潜在的应用前景。

宋自力等[12]利用白腐菌漆酶对烟梗丝进行预处理，提升了添加烟梗丝的卷烟品质。然后分别以木质素、纤维素、半纤维素和果胶的降解率为响应值，采用 Box-Behnken 设计建立方程模型，对漆酶、纤维素酶、半纤维素酶和果胶酶组成的复合酶预处理烟梗丝条件进行了优化。结果表明：每 100g 烟梗丝加入 30U 漆酶，在料液比为 35%、温度为 30℃、酶解 pH 为 5、处理 48h 的条件下预处理的烟梗丝对提升卷烟品吸效果最佳，烟梗丝中木质素、纤维素、半纤维素和果胶的降解率分别为 20.16%、15.10%、7.20%和 12.40%。

巩效伟等[13]利用产香微生物 CXJ-3 枯草芽孢杆菌（*Bacillus subtilis*）、CXJ-7 西姆芽孢杆菌（*Bacillus siamensis*）和 CXJ-12 短小芽孢杆菌（*Bacillus pumilus*）及其复合微生物菌剂分别对梗丝进行处理，30℃放置 48h 后，对梗丝的常规化学成分、致香成分和感官品质进行了分析。结果表明：与对照组相比，梗丝的总糖和还原糖含量显著提升，其中 CXJ-7 菌剂处理后梗丝的总糖含量上升最显著，达 22.75%；复合菌剂处理后梗丝的还原糖含量增加最为显著，达到 19.05%；挥发性香气成分的含量有所增加，以复合菌剂处理样品提升最高，达 141.466μg/g；感官评吸结果显示：梗丝的抽吸品质有所提升，将其掺入卷烟叶组后，卷烟的抽吸品质也有所改善。

参考文献

[1] 陶红，沈光林，赵谋明，等．烟梗的碱处理[J]．烟草科技，2009(4): 37-40.

[2] 徐世涛，李万琦，阴耕云，等．烟用梗丝的品质改善研究[J]．云南大学学报（自然科学版），2010, 32(S1): 13-15, 17.

[3] 包秀萍，刘煜宇，李红霞，等．梗丝改性技术及其在卷烟中的应用[J]．西南农业学报，2018,

31(7): 1509-1517.
[4] 许春平，刘远上，郝辉，等．生物酶法降解烟梗末中果胶的研究[J]．食品与生物技术学报，2017, 36(2): 194-199.
[5] 张见．烟梗的酶降解应用研究与评价[D]．无锡：江南大学，2012.
[6] 姚光明．降低烟叶中蛋白质含量的研究[J]．烟草科技，2000(9): 6-8.
[7] 刘晶，徐广晋，向海英，等．烟梗浆料蛋白质的酶解研究[J]．南方农业学报，2014, 45(11): 2036-2040.
[8] 施林燕．微生物发酵及酶解烟梗物料的研究[D]．无锡：江南大学，2012.
[9] 周元清，周丽清，章新，等．用生物技术降解木质素提高烟梗使用价值初步研究[J]．玉溪师范学院学报，2006(06): 61-63.
[10] 刘文莉，张娟，堵国成，等．一株胶红酵母 *Rhodotorula Mucilaginosa* YG14 的筛选及混菌发酵提高梗丝品质[J]．食品与生物技术学报，2021, 40(9): 64-72.
[11] 吴长伟，弓新国，郑琳，等．HF-09 菌株降解烟梗纤维素及其休止细胞发酵产香效果[J]．河南农业科学，2021, 50(6): 171-180.
[12] 宋自力，廖头根，张伟，等．白腐真菌血红密孔菌漆酶复合酶预处理烟梗丝的响应面法优化[J]．菌物学报，2020, 39(5): 923-936.
[13] 巩效伟，段焰青，汪显国，等．产香微生物复合处理提升梗丝品质的研究[J]．云南农业大学学报（自然科学），2016, 31(5): 862-866.

第十二章　梗丝加工技术展望

梗丝具有填充性高、燃烧性能好、原料价格便宜、焦油释放量低等优点，在卷烟生产减害降焦、降本降耗中发挥着重要作用。多年来，梗丝一直作为填充料，用于中低档卷烟的生产，高档卷烟中不使用或用量很少，因此对烟梗加工技术研究和应用多集中在如何提高梗丝的膨胀效果等物理质量方面[1]。

目前梗丝在高档卷烟中的应用只存在几个方面的问题：一是梗丝形态与叶丝、膨胀烟丝等卷烟配方组分差异较大，不利于梗丝与其他烟丝组分的均匀掺配，影响卷烟质量的稳定性；二是梗丝在形态、色泽上与烟丝差别较大，在烟支中容易被消费者辨识，影响高档卷烟的产品形象；三是梗丝物质组成的天然缺陷，导致梗丝感官质量差，限制了其在高档卷烟产品中的使用；四是梗丝加工工艺及设备创新性不够，高档梗丝加工能力不足，加工成本高；五是烟梗应用范围窄，亟需进一步挖掘烟梗在新型烟草制品、非烟制品等方面的综合利用。

针对烟梗加工及应用方面存在的问题，未来烟梗加工应该从以下几个方面进行深入研究与创新。

1. 梗丝形态研究

目前丝状梗丝因其形态与叶丝匹配度高而受到普遍认可，多数卷烟企业在梗丝加工或梗线改造过程中，将丝状梗丝加工作为烟梗加工的重点，烟梗成丝的方法主要有复切成丝、薄压成丝[2]、辊切成丝[3]、磨切成丝[4]、梗丝再造[5]等方法。这些加工技术往往因为加工过程损耗大、加工能力小、制造成本高、制备不配套、应用研究不够充分等问题，未能在行业进行规模化应用与推广。下一步的烟梗加工技术研究过程，应该加强工艺、制备、应用的联合研究，探索高效、节能、简洁的烟梗成丝工艺及系列装备，整体推进丝状梗丝的研究工作，提高烟梗利用率。

2. 梗丝提质技术研究

梗丝感官质量的先天性缺陷是限制梗丝使用量和其在高档卷烟中使用的主要原因，卷烟行业在加工工艺、化学改性、生物技术提质等方面也开展了一系列的研究，但是研究不够深入，离实际应用还有较大差距，下一步要综合利用梗丝成分重组技术[6]、微生物技术[7-8]、生物酶[9-10]技术等改善和提高梗丝感官质量。

3. 烟梗加工系列化装备研发

根据烟梗成丝加工工艺要求，创新烟梗加工设备，研发结构、原理全新的烟梗加工装备。重点研发装备包括烟梗结构分选与整理装备[11]、烟梗高效除杂装备[12]、烟梗深度回潮装备、大流量超薄压梗装备、烟梗切丝装备及梗丝干燥装备。探索烟梗非烟应用装备，如烟梗颗粒制造装备等。

4. 烟梗新功能研究

探索烟梗在新型烟草制品中的应用研究，如利用烟梗的高吸附性性能，将烟梗颗粒作为吸附载体，用于加热不燃烧烟草制品的生产。探索烟梗有效成分的提取应用研究，发挥烟梗的非烟使用功能。

参考文献

[1] 周雅宁．烟梗加工处理技术与设备研究进展[J]．中国烟草学报，2019, 25(2): 121-129.

[2] 周利军，郑力文，李洪涛，等．压梗和切梗工序对片状梗丝成丝特性的影响[J]．中国烟草学报，2020, 26(05): 47-53.

[3] 朱波，单凯，关欣，等．辊切梗丝成丝工艺研究[J]．烟草科技，2022, 55(1): 84-90.

[4] 金勇，谭海风，范红梅，等．盘磨梗丝对卷烟烟气成分和烟支性能的影响及其应用研究[C]//中国烟草学会 2015 年度优秀论文汇编，2015: 254-264.

[5] 张洪飞，刘广洲，王永金．梗丝再造技术综述[J]．轻工科技，2018, 34(11): 21-22, 36.

[6] 刘惠民．烟梗内在成分与烟气成分特征研究[Z]．郑州：中国烟草总公司郑州烟草研究院，2019-06-04.

[7] 巩效伟，段焰青，汪显国，等．产香微生物复合处理提升梗丝品质的研究[J]．云南农业大学学报（自然科学），2016, 31(5): 862-866.

[8] 陈兴，申晓峰，巩效伟，等．利用微生物制剂提高梗丝品质的研究[J]．中国烟草学报，2013, 19(3): 83-86.

[9] 赵梦醒，王燕燕，王昊，等．生物酶预处理对烟梗浆料纤维特性的影响[J]．中国造纸，2020, 39(7): 51-56.

[10] 许春平，曲利利，姜宇，等．微紫青霉果胶酶降解再造烟叶高浓混合浆中果胶的研究[J]．轻工学报，2019, 34(1): 27-35.

[11] 郑茜，夏自龙，袁海霞，等．高频阶梯式烟梗分选筛的设计与应用[J]．食品与机械，2019, 35(7): 124-127.

[12] 李斐斐．基于机器视觉的烟叶除杂关键技术研究[D]．南京：南京理工大学，2014.